中国湖泊摇蚊幼虫亚化石

Subfossil Chironomids of the Lakes in China

张恩楼　唐红渠　张楚明　曹艳敏　著

科学出版社

北京

内 容 简 介

本书基于近年来国内摇蚊亚化石头壳研究工作成果,系统介绍摇蚊亚化石样品采集、实验室提取、制片以及鉴定方法,主要介绍静水水域摇蚊亚化石类型及形态特征,附带一些地表径流或入湖河流携带来的流水种。本书包括三章,共处理 118 种(型),隶属于 5 亚科,82 属。第 1 章系统介绍摇蚊幼虫生活史、食性、地理分布等生物学及生态学知识、摇蚊分类系统的建立与发展及摇蚊亚化石在古湖沼学中的应用;第 2 章就本书涉及的材料来源及摇蚊亚化石实验室提取和制片方法进行介绍,并对摇蚊亚化石鉴定中常用的识别特征进行了概述;第 3 章为核心部分,对国内静水水域常见摇蚊的种类(包含部分非常见流水种)所属的亚科、属、属群甚至种进行了系统分类,详细描述了各属种的鉴定特征并提供了详细的检索表,并在最后简单介绍了几种非摇蚊类群的主要识别特征。

本书适合从事摇蚊亚化石研究和鉴定工作的研究人员、高校师生等阅读和参考。

图书在版编目(CIP)数据

中国湖泊摇蚊幼虫亚化石/张恩楼等著. —北京:科学出版社,2019.11

ISBN 978-7-03-062328-7

Ⅰ. ①中⋯ Ⅱ. ①张⋯ Ⅲ. ①古湖泊-摇蚊幼虫-动物化石-研究-中国 Ⅳ. ①Q915.2

中国版本图书馆 CIP 数据核字(2019)第 205643 号

责任编辑:胡 凯 沈 旭/责任校对:杨聪敏
责任印制:师艳茹/封面设计:许 瑞

科学出版社 出版

北京东黄城根北街 16 号
邮政编码:100717
http://www.sciencep.com

北京画中画印刷有限公司 印刷

科学出版社发行 各地新华书店经销

*

2019 年 11 月第 一 版 开本:720×1000 1/16
2019 年 11 月第一次印刷 印张:8
字数:159 000

定价:118.00 元

前　　言

　　摇蚊科（Chironomidae）隶属于昆虫纲双翅目（Insecta, Diptera）。其幼虫多水生，是各种常见淡水生态系统中数量最多、分布最为广泛的水生昆虫（Armitage et al., 1995）。

　　作为生态系统中属种和个体数量最为丰富的大型无脊椎动物之一，摇蚊幼虫具有非常广泛的生境范围。从陆地到海洋，从湖沼到冰川，甚至某些极端环境中也有摇蚊幼虫被发现，如温度高达 38.8℃的温泉（Hayford et al., 1995）和水深超过 1000 m 的贝加尔湖底（Linevich, 1971）。不同种类的摇蚊通过一系列与各生态机制间的级联效应和相互作用对外界环境条件的改变做出响应。由于其群落组合对水体环境变化响应迅速，因此很早就被作为一种"生物放映仪"应用于湖泊水体质量演化和评估（Dickman and Rygiel, 1996），同时也是水环境生物监测的优良指示生物。

　　近年来，随着生物指标在古环境研究中的应用，摇蚊幼虫化石也作为一种有效代用指标被广泛应用于区域环境重建工作中。我国学者也逐渐认识到，在我国湖泊众多、类型多样的有利条件下，利用摇蚊亚化石进行古气候、古环境重建具有巨大的发展潜力和效用，并将长江中下游地区湖泊的摇蚊-古环境重建作为应用起点，逐步向西部干旱区、东北和内蒙古地区、西南高原区扩展，甚至开始将应用范围扩大到湿地生态系统演化研究工作中。然而，摇蚊亚化石鉴定工作开展得相对较晚，目前全球范围内尚未形成完全统一的分类体系。我国对于摇蚊形态及分类的专著仅限于现生幼虫形态学（唐红渠，2006；王俊才和王新华，2011），目前尚未有专门针对亚化石鉴定的著作问世，由于现代摇蚊幼虫的许多形态学鉴定特征在亚化石样品中不能完全保留，所以并不能完全满足摇蚊亚化石鉴定的需求。现阶段我国摇蚊古生态学研究人员多借鉴欧美摇蚊亚化石分类体系（Brooks et al., 2007），但摇蚊在属种和形态上的区域差异性大大限制了我国摇蚊古生态学研究及其在古环境恢复中的应用和发展。因此，目前国内摇蚊古生态学研究人员迫切需要一本专门且系统地介绍中国摇蚊亚化石鉴定的专著，以更好地利用摇蚊这一古环境代用指标重现区域环境演化历史，同时预测未来区域环境变化趋势，为全球变化研究做出应有贡献。

本书基于近年来国内摇蚊亚化石头壳研究工作的成果，系统介绍摇蚊亚化石样品采集、实验室提取、制片以及鉴定方法，主要介绍静水水域摇蚊亚化石类型及形态特征，附带一些地表径流或入湖河流携带来的流水种。本书材料来源涵盖长江中下游地区、西部干旱区、东北和内蒙古地区、西南高原区等的湖泊及鄂西高山湿地，是首次全面系统介绍摇蚊亚化石的专著，它的问世必将填补我国在此研究领域内的空白，且为全球范围内摇蚊亚化石分类系统的完善提供不可或缺的素材。

本书共包括 3 章，共处理 118 种（型），隶属于 5 亚科，82 属。第 1 章系统介绍摇蚊幼虫的生活史、食性、地理分布等生物学及生态学知识，摇蚊分类系统的建立与发展及摇蚊亚化石在古湖沼学中的应用；第 2 章就本书涉及的材料来源及摇蚊亚化石实验室提取和制片方法进行介绍，并对摇蚊亚化石鉴定中常用的识别特征进行概述；第 3 章为本书的核心部分，对国内静水水域常见摇蚊的种类（包含部分非常见流水种）所属的亚科、属、属群甚至种进行系统分类，详细描述各属种的鉴定特征并提供详细的检索表，在最后简单介绍几种非摇蚊类群的主要识别特征，方便初学者及相关科研人员对摇蚊和静水水域其他常见底栖类群亚化石进行区分。本书最后附有第 3 章中涉及的所有摇蚊种类的中文、拉丁学名索引，并提供相关摇蚊亚化石图版，以便读者在进行亚化石鉴定时查阅参考。图版中分类单元的编排顺序遵循书中描述内容的先后，而非传统上的字母排序。

由于早期学者对一些摇蚊拉丁属名的理解有所偏差，造成以讹传讹的现象非常普遍，另外，常见种类的各式译名频繁出现在不同的中文期刊上，导致一定程度上的混乱，所以本书提供常见属名的拉丁词源释义和建议译名，供读者自我甄别。由于部分种属的亚化石保存性状不太清晰或不太明显，故选取部分现生样品作为代替。

本书得到国家自然科学基金项目（41888101、41672346、41272380、41572337、41790423）、第二次青藏高原综合科学考察研究（2019QZKK0202）和国家科技基础性工作专项项目（2014FY110400）的资助。德国慕尼黑国家动物博物馆（Zoologische Staatssammlung München）的 Martin Spies 在属名的溯源上给予了极大帮助，日本静冈大学（Shizuoka University）的 Hiromi Niitsuma 提供了摇蚊日本名的部分翻译，南开大学的林晓龙提供了 *Odontomesa fulva* 的幼虫图片，在此一并致谢。实验室的主要成员在亚化石挑拣、玻片制作和拍照过程中提供了大量帮助，在此深表感谢。

由于本书材料来源及作者水平有限，难免有疏漏和不妥之处，恳请读者批评指正。

作 者

2019 年 8 月 8 日

目　　录

第1章 简　介

1.1　摇　蚊　简　介

摇蚊俗称不咬人的蠓虫，是双翅目中较大的一科，目前世界上已报道 11 亚科，500 余属，8000 余种（Ashe and O'Connor, 2012; Tang H Q, unpublished data）。其幼虫俗称"红虫"，是观赏鱼类喂食的常用饵料，也是供水系统中居民投诉的常见"敏感"话题，红虫的出现与否已经成为"问题水质（安全供水）"的感官指示（张瑞雷等，2004）。另外，部分幼虫及其残存头壳已被成功运用到水质监测和古环境重建中（Rosenberg, 1993; Brooks, 2006）。成虫非媒介昆虫，但却滋扰公共卫生及娱乐用水，大量的成虫同步羽化，形成团簇在头顶或建筑物上盘旋飞舞，常常被误认为是不详阴云或失火烟灰，因此成了部分社区的主要防治对象。

国人研究摇蚊的历史起步较晚，集中在 20 世纪 70～80 年代，但对幼虫相关的研究却较为靠前，这可能是因为幼虫与渔业生产及水域生态息息相关（Wang et al., 2010）。截至目前，中国共记录 8 亚科（图 1-1），近 180 属，1000 余种，还有相当一部分新种正在批量发表中（P. Ashe, *pers. comm.*, Buchonomyiinae unpublished）。与国内已知成虫相比，对幼虫的研究相当薄弱，仅约 1/3 的种类或类型被报道，但生态学相关领域实际运用到的幼虫种类（或类型）往往不足 100 种（唐红渠，2006）。这可能与幼虫的协同进化有关，导致其特有性状分化较弱，生态学上鉴别困难。

本书遵循目前普遍流行的 2 半科，11 亚科的分类体系，重点描述湖沼类型或静水种类。对于一些小亚科（Podonominae, Telmatogetoninae）或者稀有属种，考虑到在沉积物研究中极少被发现，因此不作为重点。所有沉积物中的摇蚊种类均集中在以下三个亚科：**长足类 Tanypodinae [Tapd]**、**广义直脉类 Orthocladiinae *sensu lato* [Orth]**和**摇蚊类 Chironominae [Chin]**。由于识别寒山类 Diamesinae 幼虫的绝对可靠性状是环状的第三节触角和发达的前颏-舌复合体，而这些性状在沉积物中均无法保存，因而无法与直脉亚科进行可信区分。另外，原山类 Prodiamesinae 则依靠其发达的腹颏鬃和特征性的颏板与其他种类区别开来，但此类性状在沉积物中也不易保存。因此，在部分表述中，Diamesinae 及 Prodiamesinae 统一放入广义直脉类 Orthocladiinae *sensu lato* 一并讨论和处理。

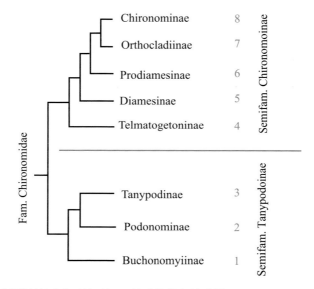

图 1-1　中国摇蚊区系目前已知亚科系统发育关系图（Ashe and O'Connor, 2009; Cranston et al., 2012）

1.2　摇蚊幼虫生物学

1.2.1　生活史

摇蚊是完全变态昆虫，整个生活史包括卵、幼虫、蛹和成虫四个时期，幼虫死亡或化蛹之后，头壳保存在沉积物中，称为亚化石。根据生活环境的不同，其生活史可以分为空中阶段（气生期）和水中阶段（水生期）。水中阶段占据绝对优势，特别是在高海拔及高纬度地区，化性（voltinism）较低，幼虫需在水中生活 1～3 年才能羽化一次，这种情况水生期的绝对优势更为明显。维持整个种群延续所需的能量摄取，基本都在水生期完成。其群体采取 r 生存策略，成虫尽可能地产生更多的后代，但不考虑后代成活率。生活史中主要有两个致命脆弱期（severe endpoints），即Ⅱ-Ⅲ龄过渡期及蛹期，前者主要受控于理化环境而后者主要来源于捕食压力。

所有的摇蚊幼虫都要经过 4 个龄期才能化蛹，鲜有报道 5 个龄期（Lackmann and Butler, 2018），龄期之间的划分可通过测量头宽和触角基节的长度来完成，此种性状在整个幼虫生长期呈现阶梯状变化（非连续变化），而不同于体长、头长等连续递增性状。龄期之间的转化通过蜕皮完成，理论上，每头幼虫走完完整的一生，均保留下来四套蜕皮，即Ⅰ-Ⅱ蜕皮、Ⅱ-Ⅲ蜕皮、Ⅲ-Ⅳ蜕皮和Ⅳ-P蜕皮，因此，沉积物中的摇蚊亚化石群落理论上是一种包含了年龄结构的四重累积群落。但实际情况并非如此，Ⅰ龄幼虫头壳的几丁质化程度几乎与表皮无异，从而造成Ⅰ-Ⅱ蜕皮几乎不可保存；后续三种蜕皮理论上都可保存下来，但由于包埋的条件不同，特别是末龄虫皮常常被蛹蜕携带到沿岸，造成部分非正常沉积，因此每一地层、每一地点均各不相同，加上并非所有个体都能走完完整的一生，有些个体仅活到Ⅱ龄，有些个体可能因为被捕食而活到Ⅲ龄，但被捕食和非正常死亡的个体均可在一个相对封闭的体系中将头壳保存下来。总体来说，从沉积物中获得摇蚊亚化石群落是在多维空间中多次梯阶截留而后又步入正轨并偶联时间轴累积而得到的一种"亚集合"。这种"非完整群落"所折射的环境是单位时间尺度内自然（气候）筛选后的综合体现。考虑到亚化石的年龄结构组成，如某一地层低龄的幼虫占据绝对的优势，说明可能在其快速繁殖期（春末夏初或夏末秋初）有灾难性的事件发生；若末龄亚化石占据绝对优势，则可能是群落正常繁衍生息或极端事件发生在幼虫越冬期。

幼虫期是摇蚊整个生活史中最长的时期，平原低地种类一般可占整个生活史的 90% 以上（代田昭彦, 1969）。Ⅰ龄幼虫营漂浮生活，血红素尚未诱导表达，几乎所有Ⅰ龄幼虫均为透明色，能够简单区分开头壳及后续的 12 体节，但其表皮附属物（如腹管、原足）尚未发育或未分化完全。低龄幼虫具有强趋光性，在溶解氧及食物适宜的栖境下，可转入湖底定居，营底栖生活（Ⅰ龄着床）。幼虫转化为蛹期的过程称为变态，整个过程大概持续 1～5 天，幼虫-蛹（L-P）过渡体在长足半科中较为常见，而摇蚊半科的蛹-成虫（P-A）过渡体较为常见。

蛹最初营底栖生活（泥-水接合面），然后通过不停地摆动，从幼虫巢穴中爬出，在水底简单停留后，不断调整身体的生理状态，通过躯干产生适量的气泡，改变体内的总体密度，使自身悬浮在水中，直至上升到水面（水-气接合面）。这一过程中，枝状或者管状的胸角可梯阶完善。蛹借助于其胸角可以利用水中（摇蚊半科）的溶解氧或直接通过气盾板（plastron plate）呼吸空气中的氧气（长足半科）。蛹期成熟后，其背部开裂，羽化过程发生。刚羽化的成虫可以借助蜕掉的外壳浮在水表，作片刻停留，待翅膀完全成熟之后，就可以转入空中生活。整个蛹期，从幼虫变态到最后羽化历时最短，时间从几小时到几天不等。

现存的幼虫分类系统均建立在四龄（末龄、老熟）幼虫之上，但低龄幼虫的头壳时常出现在沉积物中，整体形态与四龄外形差异显著，一些关键识别性状，比如颏板外形或触角比值在亚化石中并不适用，加上低龄幼虫的研究极度缺乏，使得低龄幼虫的亚化石鉴别更为困难。

1.2.2 幼虫摄食功能群

摇蚊这一群体基本囊括了整个底栖动物所具有的摄食功能群（functional feeding group, FFG），包括常见的牧食者（collector-gatherers）、滤食者（collector-filterers）、刮食者（scrapers）、撕裂者（shredders）及捕食者（predators），其中撕裂者又分为草型撕裂者[生活（钻蛀）在水生植物或藻类中]和木质撕裂者（生活在腐木或枯叶中），而捕食者可进一步分为吞食者（engulfers）和刺吸者（piercers）。各摄食类群所取食的食物颗粒直径大小不同，如表 1-1 所示。

表 1-1　摇蚊摄食类群及取食粒径

摄食功能群	取食方式	主要食源	食物粒径/mm	代表种类
牧食者	收集沉积物或沉在水底（泥-水接合面）的颗粒物	FPOM（碎屑、藻类、细菌、粪便）	0.05～1.00	Orthocladiinae
滤食者	过滤悬浮在水中的颗粒物	FPOM（碎屑、藻类、细菌、粪便）	0.01～1.00	Tanytarsini
刮食者	刮取石块、腐木及水生植物表面的微膜生物	附着藻类及一些微型生物	0.01～1.00	Diamesinae
撕裂者	咀嚼或撕裂大块枝叶或水植茎秆	CPOM（枯枝落叶或水生植物）	>1.00	*Endochironomus* spp.; part *Polypedilum* spp.
捕食者	吞食或吸食小型活体动物	小型甲壳动物（桡足类、枝角类）	>0.50	Tanypodinae

摇蚊种类中，常见的摄食类群为牧食者、滤食者和捕食者，而刮食者和撕裂者较为少见。大多数种类营管筑巢，是典型的牧食者，如绝大多数 Chironomini；滤食者多出现在 Tanytarsini 中，其他非长跗族多见于 *Kiefferulus* Goetghebuer、*Microtendipes* Kieffer 和 *Odontomesa* Pagast，其幼虫均能筑巢，其具有发达的上唇毛/上颚刷或上颚栉/前上颚刷；营自由泳生活的类群多为捕食型，比如 Tanypodinae、*Harnischia* complex，但 Podonominae、*Corynoneura* group 的类群虽营自由生活，却仍为牧食者；并非所有 *Harnischia* complex 的成员都是捕食者，如 *Cladopelma*、*Cryptotendipes*、*Microchironomus* 等均非典型的捕食者。比较有意思的类群是草型撕裂者，其生活与水生植物或大型藻类紧密关联，典型的代表种类是 *Cricotopus trifasciatus*、*Endochironomus* spp. 和 *Polypedilum* spp.，沉积物中若发现大量此类群，基本可以推测是沿岸带生境或者湖泊已沼泽化。需要注意的是，多数幼虫非专营一种摄食类型，随着龄期的改变或生境的改变，可以在一种主导摄食方式上附加另一种辅助摄食方式，而将对食物的绝对专一选择性转变为非选择性。

1.3 生 态 习 性

1.3.1 栖境

幼虫栖境总体可以分为静水和流水两种。由于亚化石研究多集中在静水水域，因此这里的重点仅针对湖泊或水库。

根据光照补偿层的位置，湖泊可以分为浅水区和深水区，其中浅水区根据挺水植物及沉水植物的生长下界，又可进一步分为沿岸带和亚沿岸带。绝大多数摇蚊种类分布在浅水区的沿岸带中，底质粒径相对较大，颗粒间隙相对畅通密集，加上潮汐式的波浪摆动，使得这一区系的摇蚊物种组成与流水的河流物种类似。深水区底质多是细泥，粒径较小，孔隙率低，加上水体常垂直分层，造成底部长期缺氧，因此仅部分耐污种类的 Chironominae 存在。但在高原、高寒湖泊中，却不遵循上述规律。

湖泊摇蚊的分布受水深影响较大，多呈"似等深线"梯阶分布（bathymetric distribution），即理化环境因子相同的点串联起来的"栖境质量等同线"，呈环状一圈一圈地从沿岸带向湖中心递进。一般来说，低地平原浅水湖泊沿岸带的生物量和多样性要远远高于深水区，但由于环境的变迁，幼虫同样具有趋利避害的主动迁移行为，典型的例子是受溶解氧和温度影响而造成的水平迁移及从底泥到水-泥接合面的垂直迁移。其他影响幼虫空间分布的因素还包含底质类型、食物的多寡及有效利用，以及竞争与捕食。当水体理化环境相对稳定，在尚未构成胁迫的条件下，决定摇蚊分布的主要因素是食源的多寡，而有机碎屑物（organic matter）逐步增多时，溶解氧逐步取代食物因子而主导群落结构。种间及种内的竞争关系较之其他水生昆虫不太明显，这可能是每种幼虫的生态位互不重叠和不同个体之间的领地效应所致（McLachlan, 1977; Tokeshi, 1995）。

在高山湖泊中，摇蚊的主要组分是广义直脉类中的狭冷型以及长跗族的 *Micropsectra*，而族长族的种类出现较少。这一类型的湖泊浅水区主要物种为 *Parakiefferiella*、*Psectrocladius*、*Diamesa* 及 *Pseudodiamesa*，而深水区主要物种为 *Heterotrissocladius*、*Tanytarsus* 及 *Micropsectra*；在低地平原湖泊，主要类群则是族长族类群，而直脉类很少出现，即使出现，种类也比较单一，常与水生植物相关联，如长江中下游地区的湖泊中，浅水区主要是一些 *Polypedilum*、*Dicrotendipes*、*Microchironomus*，而深水区多以 *Chironomus*、*Procladius* 为主。

摇蚊幼虫同其他底栖动物一样，在适宜的环境中往往呈现成簇（碎片化）分布（patched distribution），而在部分特殊栖境（砂质），往往呈现少量点缀（镶嵌）分布（mosaic distribution），湖泊之间相连的水系形成的廊道或成虫的扩散成了摇蚊基因交流的主要方式。群落结构在污染水体中多表现为几何分布模式（geometric distribution），而在一般的清洁水体中，摇蚊群落呈现正态分布模型（log normal distribution）。幼虫之间对资源的分配呈现不同的模式，一般富营养水体中，食源及生态位均很充足，仅有极少数物种能够占据绝对优势，而后续外来其他摇蚊物种入侵这片领地时，则会随机选择一些可利用资源，对资源的分配上表现为随机片段模型（random fraction model）；在相对清洁的水体中，由于食源的匮乏及生态位的重叠概率较大，摇蚊群体对资源的分配现象则表现为另外一种模式，即后续入侵种总是竞争优先资源，呈现一种优势渐弱的分布模式（dominance decay model），群落结构中的均一性趋于增加，优势种群的地位逐渐被削弱（Tang et al., 2010）。

1.3.2　温度

温度是影响摇蚊幼虫代谢的关键因素，其孵化、生长、发育、呼吸、运动、化性、羽化、婚飞均在很大程度上受此影响，而其调控机理在于温控新陈代谢关键过程中的酶活性及生化反应场所的阈值，从而达到促进或抑制作用。根据对温度的适应情况，幼虫类群大体可以分为明显的两类——狭冷型（cold stenothermal species）和喜温型（thermophilous species），处于两者之间的一般称为广温型（eurythermal species）。前者主要是一些生态幅较窄的 Diamesinae、Podonominae 及一些嗜冷性的直脉种类，如 *Heterotrissocladius*、*Parakiefferiella*，这类幼虫的最适温度常年需低于 10℃，呈单峰右偏分布；而喜温型主要是低地平原的 Chironominae 的一些种类，其生态幅较宽，且其最适温度常常因栖境不同而有所差异，呈多峰偏左正态分布（Marziali and Rossaro，2013）。

同一物种在适宜的温度条件下，达到性成熟的个体长度一般要比在冷温下成长的个体偏小，这与其生活环境息息相关。在较高温度下，幼虫需保持较高的代谢速率，要不断地维持补给个体发育所需的能量，因此要保持较高的比表面积，降低个体大小，缩短发育历时。这些现象不但在昆虫界被证实，在高等的哺乳类中也非常普遍（Bergmann's rule）。除个体大小外，幼虫头壳的一些表观修饰也有较大的区别。某些广适性的种类，如 *Chironomus* spp. 和 *Procladius* spp.，从深水区到浅水区、从高山湖泊到低地池塘均有分布，其头壳的着色明显不同。对于高原湖泊中的种类，头壳的几丁质骨化程度明显偏高，着色也多以黑、褐为主。显著骨化加厚及着色加重被认为是适应低温环境的一种策略。幼虫可以自我感知周围的环境，激活体内相关的抗寒基因，表达一些对抗低温或防护高原辐射的外观特征（Bouchard and Ferrington, 2009）。

1.3.3　溶解氧

溶解氧较之前面的温度是次级考虑因素。由于其浓度受温度和深度影响较大，因此常与其他因子共同考虑。湖泊水体在温度转变之际，常常形成垂直分层或同温体，溶解氧也随之出现同样的规律。北方低地湖泊一般一年有两次湖水完全混合，多发生在中秋和晚春；高原湖泊多一年一次，发生在冬季或早春时节。根据温度及溶解氧的垂直分层情况，湖泊水体可简单分为上层、中层和下层。摇蚊幼虫常年生活在水体下层，常常面临缺氧甚至是厌氧环境。这种生存环境决定了它们的生存策略，极少有幼虫可以长期生活在厌氧环境中。深水区底栖的幼虫通常为红色，借助于亲氧阈值较低的血红蛋白及发达的附属器官（如腹管、侧腹管）来维持艰难的生活，环境进一步胁迫时，则采取休眠或者迁移等方式。

1.3.4　盐度

许多摇蚊种类对盐度具有一定耐受性，其可能是半咸水或者盐湖区系的重要底栖动物组成。典型的代表种类集中在 *Chironomus*、*Dicrotendipes*、*Kiefferulus*、*Cricotopus* 和几个少数特定物种，如 *Cryptotendipes acalcar*、*Glyptotendipes salinus*、*Microchironomus deribae*、*Tanytarsus formosanus*。幼虫借助于身体末端的肛管及部分特化的体壁细胞进行离子交换，通过渗透调节维持体内的盐分平衡。根据盐度的范围，其栖境一般可以分为半咸水（0.5‰～10‰）、咸水（10‰～35‰）和海水（>35‰），部分盐湖的盐度可以达到50‰。摇蚊类群一般可以分为喜盐型（halophile）和广盐型（euryhaline）两种，而完全局限在潮间带生活的种类为海生型（marine species）。幼虫的分布呈现一定规律，一般在高盐湖泊中 *Psectrocladius* 的种类占据优势，中盐湖泊的种类比较丰富，而低盐湖泊的种类与淡水群落类似，典型的代表是 *Cladotanytarsus* 及 *Paracladius* 中的种类（Zhang et al., 2007）。盐度超高且高蒸发量的湖泊中，几乎没有摇蚊类群生存，主要原因是盐度造成了与其生境关联的其他生物的缺失，在适合栖境和食物双重匮乏的条件下，幼虫很难在这种环境下生存。

1.3.5　深度与海拔

湖泊中，水深是影响幼虫分布的另一个要素。据报道，一些较深的湖泊，如贝加尔湖、抚仙湖，在水深超过100m的底质中仍能发现活体摇蚊。这可能与经典的解释背道而驰，而压力及氧气等生存要素的障碍逾越，可能是另外一种机制。深水环境（>40m）下，沉积物中的有机质含量及溶解氧浓度是决定其生存分布的关键因素（Brinkhurst, 1974）。在寡营养湖泊的深水区，物种相对丰富，*Micropsectra*、*Paracladopelma* 和 *Sergentia* 的种类常常出现；而在富营养湖泊的深水区，一般无摇蚊幼虫或仅 *Chironomus* 和 *Procladius* 特耐污种类存在。

　　海拔是影响物种分布的另一个因素，该因子常与水温呈负相关关系。有关海拔引起的高山湖种类与低地平原湖泊分布特征，请参考 1.3.2 节。总体来说，高山湖的种类都是些以 Diamesinae 为代表的狭冷型种类，表观上常常表现为黑色或褐色的头壳；而低海拔的湖泊中，常以 Chironomini 或 Tanytarsini 的种类为主，头壳颜色多为黄色或淡褐色。摇蚊的海拔梯度分布是摇蚊系统发育的一个简单缩影，一般认为，古老的摇蚊物种起源于一些高海拔的狭冷水体或高寒激流，然后逐渐向四周辐射扩散，陆续占领了更多更广的栖境，而狭温型或者广温型的种类则是这些祖先的后衍物种（Brundin, 1966; Rossaro, 1991）。排除一些特殊的类型（海生、陆生、寄生），现今摇蚊的分布格局基本符合上述一般规律。例如，在海拔较高的山地溪流地区常常是寒山类（Diamesinae）和狭冷直脉类（Orthocladiinae），在低洼平原和沟渠地带多数是暖温型的族长族（Chironomini），而处于中间地形的常常是直脉类和摇蚊类的混合组合（Lehmann, 1971）。

1.3.6　生物监测

　　作为科级单元的摇蚊幼虫，常常与目级单元的 EPT（蜉蝣目 Ephemeroptera、襀翅目 Plecoptera 和毛翅目 Trichoptera）相媲美，单独作为一种指标，用来评价和监测水质。近年来蓬勃发展的水质监测表明，单一科级摇蚊昆虫越来越体现出其潜在的应用价值，排除其分类鉴别的难度，其优越性超过经典的 EPT 监测系统（Sæther, 1979; Rosenberg, 1993; Resh and Jackson, 1993; DeShon, 1995; Barbour et al., 1999; Ruse and Davison, 2000; De Bisthoven et al., 2005; Arimoro et al., 2007）。摇蚊幼虫从食物和生活环境中累积污染物，可以此间接推算环境污染的负荷，个别耐污性较差的种类（敏感性物种）可以作为环境改变的"哨兵"。每种物种均有一定的耐受范围及最适耐受范围，根据其出现的频率和丰度大小，结合环境梯度或者水体营养状态指数（trophic state index）可以计算出不同物种在一定区域范围内的耐污范围，而利用每个物种的耐污值，可以在群落水平上反映出整个湖泊的健康状态。利用摇蚊进行水体监测大体经历了以下两个阶段。

　　1. 指标种（individual indicators）

　　利用生物指标种定性评价水体的研究起源于 20 世纪初期（Kolkwitz and Marsson, 1909; Thienemann, 1922）。摇蚊作为底栖生物的主要组成部分，在湖泊深水环境中扮演了重要的角色。欧洲的一些湖沼学家最初研究和观察了一定环境梯度（营养状态、溶解氧及水深等）下特定摇蚊物种的分布情况（Naumann, 1932; Thienemann, 1954; Brundin, 1956），而后 Sæther（1979）利用欧洲及北美的一些湖泊数据，发现总磷（TP）和叶绿素 a（Chl-a）与平均湖深的比值，与湖泊的营养状态有清晰的指数相关性，而后依据湖泊的营养状态筛选出与之相关联的 15 种摇蚊种群，运用这些特定的指示类群，可以简单地估测一些湖泊的营养状态，以致许多湖沼学家口头交流时，总会提到 *Tanytarsus* 湖[①]、*Chironomus* 湖和 *Heterotrissocladius* 湖等。诚然，这种简单易行的方法在当时非常有用，且在相当长的一段时间内被广泛应用在北半球温带地区的绝大多数深水湖泊中。但实践发现，对于一些极地区域的浅型寡营养湖泊或者热带地区的湖泊，或同一湖泊出现代表两种营养梯度的指示种时，这一方法显得无能为力。

2. 底栖环境质量指数

由于 Sæther 的指示种系统具有区域局限性，为了解决上述困境，Wiederholm（1980）提出了底栖环境质量指数（benthic quality index, BQI）的概念，首次针对同一湖泊出现不同指示种进行了加权策略，共采用 7 种深水摇蚊物种，根据它们对环境健康的贡献大小，分别赋值 5、4、3、2、1 五个常数（k_i），然后乘以其相对丰度（p_i），最后汇总便可以得出整个湖泊的底栖环境质量指数（BQI）。

候选物种参考了 Sæther 的指示种系统，添加了深水代表种 *Micropsectra*，如表 1-2 所示。

表 1-2　五种指示底栖摇蚊赋值系统（Wiederholm, 1980）

指示种	*Heterotrissocladius*	*Micropsectra/ Paracladopelma*	*Sergentia/ Stictocihronomus*	*Chironomus anthracinus*	*Chironomus plumosus*
赋值	5	4	3	2	1

$$BQI = \sum_{i=0}^{5} k_i p_i$$

这种既考虑指示种的指示意义大小，又考虑物种相对丰度的思维，明显借鉴了生物指数（Hilsenhoff, 1977）及腐水生物系统（Sladecek, 1979）。底栖环境质量指数被后续学者应用到各类湖泊水体中，发现其与理化指标吻合较好。但

---

① 此处的 *Tanytarsus* 湖等同于我国高原区系的 *Micropsectra* 湖。

上述赋值系统只针对深水区摇蚊群落，并不适合用在沿岸带或亚沿岸带及一些较浅无垂直分层的湖泊。Rossaro 等（2007）拓展了这一公式的使用领域，将其使用范围扩展到全湖范围，首先利用总磷、透明度及溶解氧（%）界定了 57 种底栖动物的赋值（BQIW）〔0～5〕，然后利用 BQIW 乘以其相对丰度，最后汇总所有指标种所得的分值，即为一个湖泊的改良底栖质量指数（modified benthic quality index），比值越大，表明水体越健康。

由于人为活动的加强，湖泊生态系统面临着一系列的威胁，特别是一些生态系统较为脆弱的高山湖泊及超富营养化的平原低地浅水湖泊。湖泊整体营养状态往往呈现边缘较高、深水区较低的现象，这种情况已经不能简单地靠上述改良底栖质量指数来评价。对于一些低地浅水湖泊，摇蚊群落多是一些宽幅耐受物种，在沿岸带及深水区均能生活，加上季节和扰动的影响，很难用来准确评价一个湖泊的营养状态。此时需要结合一些生态分析软件，如 CA、NMDS，对物种与湖泊深度进行排序，做出各个季节的物种深度分布图（gradient depth distribution），才能最终判定湖泊营养状态及其季节性演变趋势（Verneaux and Aleya, 1998, 1999; Fu et al., 2012）。

1.3.7　摇蚊头壳畸变

摇蚊除上述在指示种（种群）及群落水平上可应用于生物监测外，在个体水平上发展起来的"形态畸变"（morphological deformity）同样可以用于生物监测。但是目前，头壳变形停留在定性阶段，定量的研究需要建立以下标准：

（1）被研究的物种数目应该拓展到更多类群。目前应用最多的是广谱耐受种 *Chironomus* spp. 和 *Procladius* spp.；

（2）必须具有更好的严格对照体系；

（3）开发一些更为直观简单的指标；

（4）室内与室外必须结合，开发剂量-形变的定量模型。

Lenat（1993）提出了"毒性评分指数"（toxic score index，TSI），将幼虫颏板的变异程度分为三类：Ⅰ类是剥蚀型，颏齿边缘有些被侵蚀的痕迹；Ⅱ类变异指的是一些明显的可观察性状，如多齿、缺齿、间隙增大及颏齿左右不对称等；Ⅲ类变异指的是Ⅱ类变异出现的性状中，最少出现 2 种。由于变异程度由Ⅰ-Ⅲ逐渐加强，因此最后的公式对Ⅱ型及Ⅲ型的变异出现了不同的加权。Al-Shami 等（2011）通过观察不同部分颏齿对环境的变异出现频率，发现最常见的变异是颏板中齿，其次是第一、二侧齿，而最难发生变异（即仅在污染最严重的情况下才能发生）的是末后 4 对侧齿，因此，通过对不同位置的颏齿进行区分，将其分别加权对待，提出了"改良毒性评分指数"（modified toxic score index，TSI_M）。研究发现，改良后的指数对重金属污染源的识别更有针对性，但是目前所有有关形态变异的研究均缺少污染浓度与变异程度的定量关系。

如果仅考虑特定的污染物对整个群落的影响，需要使用改良毒性评分指数系统（TSI_M）（Odume et al., 2016）或风险物种评价系统（species at risk，SPEAR）和物种敏感分布（species sensitive distribution，SSD）进行处理（Hunt et al., 2017; Malherbe et al., 2018）。这种系统往往具有更强的针对性，仅处理部分风险物种或单一物种中的不同畸变类型组成的亚群落（subset），而非传统生物群落中的一视同仁，考虑所有出现的生物个体。利用同样的思维模式，可以单独分析出某类有毒物质（如农药、多环芳烃、多氯联苯）或盐度对群落的影响程度。

1.4　摇蚊亚化石在古湖沼学上的应用

广义上讲，古湖沼学的主要研究内容是湖泊沉积物中所包含的物理、化学和生物信息（Smol, 1992）。通过沉积物中保存的自然档案重建湖泊和流域生态环境演化过程，揭示其诱发因素及演化规律和机制，为生态系统管理和未来环境预测提供有效信息（Smol, 1992; Smol et al., 2001; Seddon et al., 2014）。近年来，古湖沼学发展迅猛，其中古生态方法的应用更是令古湖沼学的研究日新月异。古生态学研究通过提取湖泊沉积物中一系列指示水生植物（硅藻、水生植物化石、孢粉等）和水生动物（摇蚊、枝角类、介形类）等不同生物类群的亚化石，有效地反演过去湖泊生态环境的变化（Moser, 2004），为有效恢复原始状态下水生生态系统结构及功能特征提供了强有力的技术支撑（Bennion and Battarbee, 2007）。

一直以来，摇蚊被古湖沼学家认为是指示古环境演化最为有效的生物代用指标之一（Walker, 1995）。摇蚊幼虫蜕变过程中脱落几丁质化程度很高的头壳，使其在沉积物中得以很好保存，提取的亚化石头壳大多可以鉴定到属甚至到种。此外，摇蚊幼虫分布广泛，几乎可在任何水体环境中生存，且数量丰富，少量的沉积物样品即可筛选出足够用于分析的头壳；大部分摇蚊生态幅较窄，种群中不同属种对特定环境的干扰具有不同的响应方式，因此其亚化石头壳可反映沉积时的环境条件，摇蚊本身的这些特点也使其成为古环境研究中的有效指示生物。目前，古生态学日益向多指标间交叉对比的方向发展，以期更全面细致地了解湖泊生态环境演化机制，而摇蚊可为其他指标重建结果提供辅助补充作用。例如，沉积物硅藻可很好地指示上层水体环境条件，其种群变化可反映水体 pH 或营养水平的改变；而作为底栖动物的摇蚊除了上述功能，还可以揭示水体底部溶氧、水生植被等环境的改变。这样使得不同生物指标推演的古环境结果有了校正和对比的可能（Battarbee et al., 2001）。

摇蚊在古湖沼学中的应用最早可追溯到 1915 年 Ekman 对沉积物中摇蚊头壳遗迹的报道。1927 年，Gams 开始尝试基于摇蚊组合对水生环境变化的响应研究。之后，Andersen（1938）发现丹麦上更新统地层中摇蚊头壳组合对气候变化的响应敏感，尽管该研究"似乎预示着什么"，但摇蚊应用于古环境重建的研究仍发展缓慢（Frey, 1964）。Bryce（1962）开启了英国利用摇蚊进行古气候研究的先例。尽管当时所用的沉积物岩心覆盖了整个全新世，但仅有 10 个沉积物样品用于亚化石摇蚊头壳的分析，鉴于当时并未有摇蚊化石鉴定相关的著作，导致该研究中分类精度相对粗糙且存在诸多问题。事实上，Bryce 仅把沉积物中所有摇蚊中的 12 种鉴定到属，Orthocladiinae 和 Tanypodinae 两个亚科中的摇蚊并未进行具体属级水平的划分。基于 Thienemann（1922）提出的湖泊分类系统，Bryce 将沉积序列摇蚊组成的变化解译为其对湖泊营养水平和水位而非气候变化的响应。Goulden（1964）在 Esthwaite Water 也发现了与 Bryce（1962）相似的沉积物摇蚊演替序列，并且用 *Chironomus* 丰度变化揭示湖泊古生产力波动。类似的研究在随后的半个世纪中逐渐开展，如利用摇蚊古生态学特性反映人类活动引起的富营养化现象（Carter, 1977; Warwick, 1980; Wiederholm, 1980; Wiederholm and Eriksson, 1979）、湖泊酸化（Henrikson et al., 1982）、湖泊盐度变化（Paterson and Walker, 1974; Clair and Paterson, 1976）及气候变化（Walker and Mathewes，1987），但这些研究都仅限于对其头壳亚化石组合进行描述，对湖泊生态系统和流域气候演化的揭示也仅限于定性重建。

20 世纪 80 年代末，尤其是 90 年代以来，北美及欧洲的许多学者开始着手于一系列湖泊表层沉积物样品数据库的建立，基于表层沉积物中摇蚊化石的分布和组成与现代气候环境因子之间的关系，运用数理统计方法，建立摇蚊-气候环境之间的定量模型，并将其应用到过去气候环境变化的研究中去。随后，一系列区域现代表层摇蚊数据库相继建立，摇蚊属种与各环境因子的定量转换函数得到发展，并被成功应用到末次冰期以来的古环境定量重建中。

1.4.1　温度重建

利用摇蚊进行过去温度的重建无疑是最具发展潜力的生物方法（Battarbee，2000）。如前所述，早期古湖沼学家对沉积物摇蚊组合的解译往往归于摇蚊种群对湖泊营养水平或水深变化的响应。Hofmann 在 1988 年提出，除了湖泊生产力，摇蚊也可能受气候条件变化的影响。这一观点被后来的许多其他研究所证实（Gardarsson，1988），并为摇蚊对气候变化定量重建研究奠定了基础。Walker 和Mathewes（1987，1989）在加拿大的工作不仅表明摇蚊对晚冰期和全新世气候变化非常敏感，而且首先通过 24 个湖泊和其中 21 个摇蚊属种现代表层摇蚊样品数据库的分析发现，夏季表层水温是主导该地区湖泊摇蚊结构最为重要的因素，并建立了第一个摇蚊-夏季表层水温定量转换模型（Walker et al.，1991a）。此后，一系列现代摇蚊-温度数据库在欧洲（Heiri et al.，2012）多个国家和地区如瑞士（Lotter et al.，1999）、芬兰（Olander et al.，1999；Korhola et al.，2002）、瑞典（Larocque et al.，2001）、挪威（Brooks and Birks，2001）及北美（Barley et al.，2006）得以建立，并不断改进数学方法以提高模型推导效率。转换函数建立之初，对模型的应用大都集中于晚冰期。如在加拿大的研究发现，通过摇蚊-温度转换函数不仅可以反映新仙女木时期较大的温度变幅（Walker et al.，1991b），还可以捕捉末次间冰期（尤其是 Killarney 波动）细微的气候波动信号（Levesque et al.，1993）。Brooks 和 Birks（2001）发表了第一篇有关摇蚊重建欧洲地区晚冰期七月平均气温的文章，但受转换函数推导能力的限制，其结果对气温出现高估或低估，对该地区数据库进行扩展后，最终取得了与其他相关研究高度一致的推导结果。尽管全新世气温波动较小，增加了对该时期气温变化推导的难度，但摇蚊重建该时期气温变化仍取得了可靠结果。Palmer 等（2002）认为加拿大不列颠哥伦比亚省南部地区全新世早期夏季气温最高（13～17℃），而全新世中期至晚期逐渐下降了约 3℃。而 Caseldine 等（2006）基于冰岛的摇蚊-气温转换函数，首次对 Tröllaskagi 半岛陆地样点 10～7k BP 的气温变化进行了定量估算。我国青藏高原东南缘小型高山湖泊众多，具备开展摇蚊-温度定量重建的潜力，通过多年的工作，在摇蚊-气温转换函数与晚冰期以来夏季温度定量重建工作上取得了良好的进展（Zhang et al.，2017，2019）。

1.4.2 盐度重建

咸水湖中盐度的季节变化是对底栖生物群落组成非常重要的影响因素（Frey, 1993; Suemoto et al., 2004）。相对淡水湖泊而言，针对咸水湖的古湖沼学研究（尤其是基于生物代用指标）较少。Konstantinov（1951）首次进行了摇蚊-古盐度调查，根据沉积岩心中 *Chironomus salinarius* 数量的变化揭示了 Maibalyk、Tchebatchiev 和 Kazakhstan 三个湖泊中盐度的变化过程。Paterson 和 Walker（1974）根据摇蚊淡水种和咸水种的交替反映了澳大利亚盐湖中盐度的演化。Clair 和 Paterson（1976）则记录了加拿大海水入侵玛珥湖（Maar Lake）并引起湖泊中摇蚊种群的快速回迁过程。基于数理统计方法的发展，摇蚊-盐度转换函数也在 20 世纪 90 年代开始建立。Walker（1995）建立了加拿大西部地区 85 个湖泊（盐度梯度 0.05～300g/L）的摇蚊-盐度数据库，记录了 33 个摇蚊属种的盐度最适值和耐受值，尽管该模型后来被 Heinrichs 等（2001）进一步优化，但它的建立无疑使该地区湖泊盐度的定量重建成为可能。在东非，Verschuren 等（2000）在 2000 年首先在肯尼亚建立了 45 个湖泊摇蚊-湖水盐度转换函数，并在 2004 年利用新获取的 32 个湖泊的理化数据对其进行修改优化，使该模型具备了良好的古盐度推导能力，并将其扩展到非洲其他地区如乌干达、喀麦隆和乍得等的湖泊中（Eggermont et al., 2006）。得益于这些推导模型的建立，基于摇蚊古生态学重建历史时期气候和海平面变化的相关研究也在加拿大和非洲地区率先开展。Heinrichs 等（1999）利用 Walker（1995）建立的转换函数重建了加拿大 Mahoney 湖古盐度数据，并将摇蚊推导结果与硅藻进行比较，发现两者之间具有很好的一致性，说明该湖中两种水生生物均对相似的理化环境产生了响应。1999 年，Heinrichs 等又对邻近的 Kilpoola 湖的古盐度信息进行了恢复，发现两个岩心底部具备相似的盐度变化趋势，但之后由于 Kilpoola 湖流域水土流失导致离子大量输入而表现出不同的盐度增加过程。Rosenberg 等（2004）从气候变化的角度评价了加拿大盆地过去 9000 年来湖泊盐度演化的历史，岩心摇蚊序列非常清晰地记录了该盆地与海洋逐渐分离的过程，侧面反映了该地区海平面的变化。在东非，Verschuren 等（2000，2004）则利用摇蚊-古盐度重建方法反映了肯尼亚地区历史时期气候变化对湖泊盐度变化的影响。在中国，利用摇蚊亚化石恢复湖泊古盐度的研究也崭露头角，Zhang 等（2007）通过 42 个湖泊表层沉积物摇蚊亚化石及环境变量建立了青藏高原地区湖泊摇蚊-湖水盐度转换函数，为未来该区域湖泊水文学演化研究提供了重要线索。

1.4.3 营养盐及溶解氧重建

Meriläinen 等（2000）记录了在 Lappajärvi 湖富营养化过程中其摇蚊种群演替的过程，是摇蚊在湖泊营养水平恢复研究中的一个良好案例。他们根据 Wiederholm（1980）建立的湖泊底栖质量指数（BQI），利用沉积物亚化石摇蚊头壳的组成对湖泊不同营养演化阶段进行了划分，其 BQI 结果与现代监测所得结果高度吻合。但 Meriläinen 等（2001, 2003）在芬兰进行相关研究时发现，硅藻和摇蚊反映的湖泊水体营养演化趋势有明显差异，这再次说明在湖泊生态系统营养状态评价时多指标对比分析的重要性。水体富营养化的结果是引起湖泊底层水体氧含量的下降，Francis（2001）将其他代用指标与摇蚊相结合，定性恢复了美国密歇根 Douglas 湖水体氧条件的变化，进而揭示了该湖富营养化发展的过程。目前，摇蚊-湖水营养水平、摇蚊-溶氧含量转换函数已在全球多个地区得以建立（Lotter et al., 1998; Brodersen and Lindegaard, 1999; Brooks et al., 2001; Little and Smol, 2001; Quinlan and Smol, 2001; Brodersen and Anderson, 2002; Luoto, 2011；Chang et al., 2018a）。Langdon 等（2006）对欧洲现有的数据库进行了扩展，使原有转换函数的推导能力有所提高。基于该模型对不同类型湖泊历史时期营养水平演化过程进行重建，结果表明，湖泊营养水平可能更多是通过其他生态系统组分（如底层溶氧等）间接影响摇蚊种群的，当湖泊某一环境参数超过其生态阈值时，生物群落会发生相应的变化，因此沉积物生物指标可以用来反映湖泊生态系统稳态的转变。之后，一系列研究利用摇蚊从定性、半定量和定量角度对不同地区多因素（自然和人为因素）引起的湖泊富营养化过程进行了恢复（Gathorne-Hardy et al., 2007; Drzymulska et al., 2014; Millet et al., 2014; Stewart et al., 2014），并与其他指标重建结果进行对比，丰富和完善了摇蚊古生态学研究的同时，在很大程度上推动了古湖沼学研究的发展。例如，在中国，Zhang 等（2006）建立了长江中下游地区湖泊摇蚊-湖水总磷转换函数，并在 2012 年对该数据库进行了优化（Zhang et al., 2012），进而将其更好地应用于该地区浅水湖泊营养演化过程及机制的研究（Cao et al., 2013; Cao et al., 2014a），为该地区现代湖泊生态修复措施的制定提供了必要的参考数据。

1.4.4 其他重建

除温度、盐度、营养水平外，摇蚊也被广泛应用于其他环境因子的重建研究。多个研究报道了水深（Walker et al., 2003; Gajewski et al., 2005; Wilsonm and Gajewski, 2004; Barley et al., 2006; Kurek et al., 2009; Engels and Cwynar, 2011）、沉水植被（Langdon et al., 2010）、水体有机污染（Chang et al., 2018b）及无机污染（Brooks et al., 2005）对摇蚊种群组成的重要影响。Korhola 等（2000）选择树线附近 53 个湖泊，率先建立了欧洲地区摇蚊-湖泊深度转换函数，为该地区湖泊古深度重建奠定了基础。湖泊深度往往通过底层溶氧量等因素间接影响底栖动物的组成和分布格局。Frossard 等（2013）通过不同水深处采集到的岩心中摇蚊演化序列定性恢复了法国 Annecy 湖过去 150 年来水体溶氧的变化过程。植被是摇蚊等底栖动物生长必需的重要底质，为底栖动物躲避水流及其他生物捕食提供了避难场所，其生物量和类型都可能对底栖动物的生长和组成起到重要作用（Carpenter and Lodge, 1986; Scheffer, 1998; Bogut et al., 2007; Langdon et al., 2010）。关于摇蚊和水生植被（尤其是沉水植被）关系的研究尚未有统一定论，但已有研究表明沉水植被的生物量是影响浅水湖泊摇蚊组成和分布的重要因素，某些摇蚊属种可能对特定植被类型具有指示意义（Langdon et al., 2010; Cao et al., 2014b）。这一结论虽有待现代生态学的进一步考证，却揭示出摇蚊亚化石在浅水湖泊过去植被信息恢复中可能具有广阔的前景。水体有机及无机污染也会导致摇蚊种群组成和多样性发生改变，此外，摇蚊还会在个体形态上（口器畸变）对毒性污染物做出明显响应。Ilyashuk 等（2003）在俄罗斯北部 Imandra 湖发现，在重金属污染初期，湖泊中摇蚊种类及数量最为丰富，随着毒性物质的不断输入，*Chironomus* 和 *Procladius* 代替 *Micropsectra* 成为该湖摇蚊优势种，并出现一定程度的畸变。Cao 等（2016）对湖北大冶市三里七湖的研究发现，随着重金属污染及富营养化程度的加剧，摇蚊在种群组成和个体形态水平上都对湖泊水质变化做出了响应，反映了该湖过去 60 年来生态环境的退化过程。

第2章 材料和方法

摇蚊亚化石在静水水体（湖泊、水库）中分布广泛，且能在年代久远的沉积物中得以良好保存。由于受多种环境因素如水体地理位置、形态特征和水体本身的水质特征等影响，不同种类的摇蚊幼虫在空间分布上具有明显的区域特征，不同水体沉积物中获取的摇蚊亚化石数量及种类组成也因此存在空间差异性。尽管每 1cm 沉积物可能代表一段时间（1~3 年）内湖泊的沉积情况，但由于生境特征的差异，其中所包含的摇蚊亚化石数量也并非全都满足古湖沼学研究的需要。为了使所得的摇蚊亚化石能更真实地反映当时摇蚊群落的情况，一般认为，古湖沼学研究中所用的亚化石摇蚊头壳数量不能少于 50 个（Quinlan and Smol, 2001），对于特别稀少的样品（点），头壳数量应至少达到 40 个（Wiederholm and Eriksson, 1979）。为了获取足够数量的亚化石头壳，应根据水体底质类型、水域特征和区域性等选择合理的野外采样策略及实验室处理方法。

2.1 样品采集及保存

沉积物样品的采集通常选择采泥器法、Kajak 重力采样器法、接杆采样器法及奥地利 UWITE 活塞采样平台法。

（1）采泥器法：本书中涉及的采泥器法选用的是采样面积为 $1/16m^2$ 的彼得森采泥器（Peterson grab）或方形箱体底面积为 $0.04m^2$ 的 Ekman 采泥器。该系采泥器多用于淤泥或较松软底质样品的采集，如河流、湖泊、水库等水体。

（2）Kajak 重力采样器法和接杆采样器法：这两种方法多用于浅水湖泊（水

库）短沉积岩心的采集。根据采样器内径（6.2cm 和 9cm 等）不同，获得的沉积物样品量有所差异。

（3）UWITE 活塞采样平台法：该方法通常用于深水湖泊（水库）沉积岩心的采集。

用于摇蚊分析的沉积物样品应在 4℃以下冷藏保存，湿样及干样均可用于摇蚊头壳提取。值得注意的是，沉积物经冷冻干燥处理后基本不会影响其中所含摇蚊头壳的总量，而经烘干处理则可能造成摇蚊头壳数量较未经处理样品（湿样）减少（Lang et al., 2003）。

2.2　摇蚊亚化石实验室处理与提取

2.2.1　标准方法

一般沉积物样品按照 Brooks 等（2007）标准方法处理。按照样品干重：配制 10% 的土壤-KOH 溶液，然后放入 75℃水浴锅中加热 15min 后依次过 212μm 和 90μm 孔径的筛，将剩余样品转移到体视显微镜下，在 25 倍下用镊子将摇蚊头壳手动挑出，再将挑出的头壳腹面朝上，用封片胶（Euparal/Hydro-matrix/Syn-matrix）封片。

2.2.2　高碳酸盐或黏土含量样品

有些沉积物中含有较高含量的碳酸盐或黏土物质，尤其是经过风干或烘干的样品，用 KOH 或低浓度的 HCl 很难使其分散开，其中所包含的摇蚊头壳也就无法完全释放出来。超声波处理方法不仅可以解决这个问题，而且有助于清理头壳中包含的杂质，使手工挑拣头壳和摇蚊鉴定工作变得更便捷、有效。该方法的缺点是，处理后的亚化石摇蚊头壳会更易破碎，对于由尖锐颗粒物组成的高黏土含量沉积物样品来说，即使短短 4s 的超声波也可能造成壳体的破坏，这将给挑拣和鉴定工作带来很大障碍。因此，在使用此方法前，进行一些用来确定超声时间的尝试性的实验是非常有必要的。具体的处理方法按照 Lang 等

（2003）进行。

1. 高碳酸盐样品

首先在 40℃温水中将样品分散，分别过 212μm 和 90μm 孔径的筛，获得两种不同颗粒大小的沉积物成分。将过筛后的粗颗粒成分置于含 100mL 水的烧杯中，超声处理（不超过 2min）。将超声后的样品重新过 212μm 和 90μm 的筛，然后将细颗粒样品置于含 100mL 水的烧杯中，超声处理（不超过 3min）过程中用玻璃棒搅拌，过 90μm 筛后，按照标准方法挑拣所得样品中摇蚊亚化石头壳并封片。

2. 黏土样品

加入 10% KOH 的样品于 75℃水浴 15min，分别过 212μm 和 90μm 孔径的筛，获得两种不同颗粒大小的沉积物成分。将粗颗粒成分置于含 100mL 水的烧杯中，超声处理（不超过 10s）。将超声处理后的样品重新过 212μm 和 90μm 的筛，然后将细颗粒成分置于含 100mL 水的烧杯中，超声处理（不超过 3min）过程中用玻璃棒搅拌，过 90μm 筛后，按照标准方法挑拣所得样品中摇蚊亚化石头壳并封片。

2.3　亚化石常用识别特征

沉积物中摇蚊头壳有两个主要来源：一是摇蚊幼虫残体，二是龄期转变蜕化后的虫皮。古湖沼学中提取并用于鉴定的摇蚊头壳多为四龄幼虫残体。其常用识别特征包括颏板、上颚、前上颚、触角托、后头缘、唇舌、亚颏毛孔及毛序（长足类）。

2.3.1　颏板（mentum）

颏板（mentum）包含背颏板（dorsomentum）和腹颏板（ventromentum）。背颏板的形状、齿的数目、排列方式和齿的大小是将摇蚊鉴定到属级甚至种级水平的重要依据之一。背颏板由中齿（median tooth）和侧齿（lateral tooth）组成，中齿位于颏板中央，一般较突出，部分种类中齿两侧含肩齿；侧齿均匀分布于中齿两侧，命名先后由内而外。腹颏板位于背颏板腹面，两者一起构成了下唇的双层结构。摇蚊亚科（Chironominae）常见种类（*Stenochironomus* complex 的种类除外）的头壳均具有发达的腹颏板和背颏板，且腹颏板具有明显的影线纹。摇蚊族（Chironomini）与长跗族（Tanytarsini）的主要区别在于腹颏板形态：前者腹颏板呈扇形，附于背颏板侧缘，而后者腹颏板呈矩形，横亘于背颏板，在其中间近乎相遇；广义直脉类（Orthocladiinae *sensu lato*）中，幼虫颏板多呈锥形、拱形，多单一中齿，有 2～12 对侧齿，腹颏板退化或缺失，缺少影线纹，但 *Rheocricotopus*、*Nanocladius*、*Psectrocladius*、*Hydrobaenus*、*Chaetocladius* 及 Prodiamesinae 的种类却保留相对发达的腹颏板；寒山类常常借助于多齿的颏板与狭义直脉类来区分；长足类头壳形态明显区别于其他摇蚊，其叉状的唇舌结构及着齿的背颏板可以明显地与其他种类区别开来。但沉积物中，长足类多以残片保存，在唇舌缺失的条件下，可以靠背腹的刚毛序列进行属级识别（详见 3.1 节）。

2.3.2 上颚（或大颚，mandible）及前上颚（premandible）

根据沉积物性质和处理方法的不同，上颚和前上颚的保存情况也各不相同（一般仅有 1/4～1/2 的个体得以保存）。上颚具颚齿，其数目多少也是属种鉴定的重要特征之一。通常，上颚含端齿（顶齿，apical tooth），内缘含 2～8 个内齿（inner tooth），外侧可具有 1～2 个背齿（dorsal tooth）及 1～2 个表齿（surface tooth）。前上颚形状依亚科、属和种的不同而异，一般包含顶齿及内齿，*Harnischia* complex 或 Diamesinae 的部分种类前上颚外侧还具有一簇附生齿，齿数多少是区分属种的关键特征，尤其在区分 *Tanytarsus* 与 *Micropsectra* 的鉴定中是至关重要的。

2.3.3 触角托（antennal pedestal）

触角托是触角与头部连接的部位。部分属种触角托上生有矩（spur）或掌状花托（palmate process）。矩的存在与否和相对长度是长跗族（Tanytarsini）亚化石头壳属种鉴定中非常重要的特征之一。

2.3.4　后头缘（post-occipital margin）

摇蚊头壳末缘骨质化边称为后头缘，有背面和腹面之分。亚化石鉴别主要使用腹面后头缘，而初生后头缘和次生后头缘包围形成的一块区域为后头板（post-occipital plate，POP）。通常多数长跗族的幼虫头壳存在后头板，其外形和发达程度，加上后头缘的骨化程度及褶痕都可作为某些属种的识别特征。长足类中，幕骨突（tentorial pit，TeP）及幕骨线（tentorial line，TeL）的相对着生位置、TeL 的发达程度和两线之间的距离等也常被用于亚化石种属的鉴定。

2.3.5　唇舌（ligula）及侧唇舌（paraligula）

此结构是长足摇蚊亚科（Tanypodinae）特征性的自近裔性状，前端具齿，其着色程度和齿的数目因属种而异，但该结构在亚化石中有时会丢失。唇舌基部两侧，对生 1 对侧唇舌（paraligula），具有单尖、二分叉或多分叉，其形状因属种不同而具有多样化，如披针状、栉状、锯齿状等。唇舌和侧唇舌的存在一定程度上简化了长足摇蚊亚科头壳的鉴定。

2.3.6　头部毛序（cephalic setation）

此性状仅针对长足类摇蚊，其头部背腹两面共有 11 对毛孔，加上 1 对腹孔（ventral pore，VP）、1 对背孔（dorsal pore，DP）、1 对冠孔（coronal pore，CP）和 1 对亚颏毛孔（seta submentum，SSm），共 15 对感觉孔。其中 VP、DP 和 CP 为感压孔，其上不着生毛，外形较其他毛孔粗大，边缘次生加厚，类似植物叶片上的气孔（厚壁孔或双壁孔）。SSm 在活体中着生的细毛常多分支（薄壁孔或厚壁孔）。亚化石上常用来鉴定的毛序，按照其着生的位置可分为腹部毛序（S_9、S_{10}、VP 和 SSm）和背部毛序（S_5、S_7、S_8 和 DP）。这些孔位置靠近头壳中部边缘，在不同的属中变化多样，而各孔的相对位置在四龄幼虫中则趋于固定，低龄的幼虫毛孔相对位置有一定的偏离。当腹部毛序不能区分属种或者腹部毛序残缺不全时，背部毛序是一个很好的辅助鉴定条件，详细的描述请参考 Kowalyk（1985）及 Rieradevall 和 Brooks（2001）。

2.3.7　亚颏毛着生位置（location of seta submenti）

亚颏毛的相对着生位置在直脉类应用较广，常用于亚化石分类的性状包括亚颏毛的纵坐标（处在背颏板之内还是之外）、横坐标（处在颏板宽度之内还是之外）及亚颏毛孔对应的侧齿位置（$L_4 \sim L_5$ 齿缝或 $L_5 \sim L_6$ 齿缝），可以用颏程式（mental diagram）表达。典型的应用包括 *Parametriocnmus/Paraphaenocladius* 与近似类群的区分，*Eukiefferiella* 与 *Tventenia*、*Smittia* 与 *Parasmittia*、*Cricotopus* 与 *Paracricotopus* 的区分等。

第3章 分 类 学

　　摇蚊亚化石亚科级的分类主要依据颏板或唇舌的形态结构，头壳的整体形态和颜色深浅有时也可帮助快速锁定可能的类群。一般来说，高寒、极冷的种类，头壳着色加重，广义直脉的种类偏多，而低地平原的暖水水系中，以淡色或黄褐色的摇蚊亚科种类偏多。本章根据各类群的亚化石关键性状（图 3-1），采用传统的二歧式编制相应的检索表。有关大类的中文翻译上，这里未采用严格的分类学界定（亚科或族），而是借用生态概念上的"类"，以示平等级别对待考虑。

主要类群检索表

1. 无明显腹颏板（背颏板偶存在），反而具有明显的唇舌和副唇舌；触角基节若存在，常常伸缩在头壳内 ┈┈┈┈┈┈┈ 长足类 Tanypodinae

   具有明显的颏板，唇舌和侧唇舌不存在 ┈┈┈┈┈┈┈┈┈┈┈┈┈┈┈2

2. 腹颏板发达，呈扇形或棒形（香肠形），影线纹发达，但颏鬃缺失┈┈3

   腹颏板常退化，若发达，则侧向贴附在背颏，且一般具有发达的颏鬃
   ┈┈┈┈广义直脉类 Orthocladiinae *sensu lato* ┈┈┈┈┈┈┈┈┈┈┈┈┈┈4

3. 腹颏板呈三角形或扇形，左右两颏板间距明显，触角托常退化或消失
   ┈┈┈┈┈┈┈┈┈┈┈┈┈┈┈┈┈┈┈┈┈┈┈┈┈┈┈┈ 族长类 Chironomini

   腹颏板常呈棍棒形或香肠形，且左右几乎桥接，间距常常不大于一个中齿的宽度（*Zavrelia* group 除外，其腹颏板呈船卵形，腹颏板间距大），触角托通常比较发达 ┈┈┈┈┈┈┈┈┈┈┈┈┈┈┈┈┈ 长跗类 Tanytarsini

4. 头壳常呈黑褐或黑中泛红，前上颚常多于六齿，颏板侧齿常多于六对，上颚顶齿常与背齿大小相当 ┈┈┈┈┈┈┈┈┈┈┈ 寒山类 Diamesinae, part

   头壳颜色多种多样，前上颚常小于四齿，颏板侧齿多在六对之内，上颚顶齿一般最发达强壮 ┈┈┈┈┈┈┈┈┈┈┈┈┈┈┈┈┈┈┈┈┈┈┈┈┈┈┈┈┈5

5. 腹颏板极度发达且具有明显的颏鬃（或仅存毛孔）··················
······················ 原山类 Prodiamesinae[*]

腹颏板常退化，若发达，鬃孔不显或触角多于四节（若存在）·······
························· 狭义直脉类 Orthocladiinae

*目前，此亚科的范畴待定，一些原始的直脉种类可能并入此群，普遍认同的是原
裸角属 *Propsilocerus* 应转入此类群（Cranston et al., 2012）。

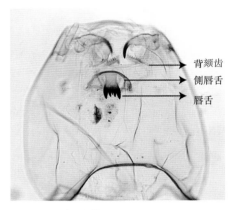

长足类 Tanypodinae

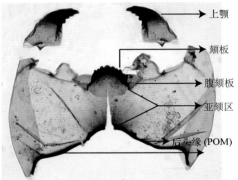

族长类 Chironomini

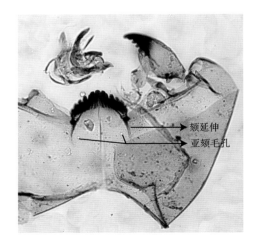

直脉类 Orthocladiinae

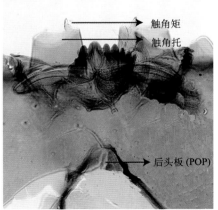

长跗类 Tanytarsini

图 3-1　摇蚊头壳关键性状示意图

3.1　长足亚科 Tanypodinae[①]

长足类是摇蚊中特立独行的一类，幼虫为自由泳型，典型的共衍特征是唇舌（ligula）、侧唇舌（paraligula）和舌耙（pecten hypopharyngx）。这种结构由前颏-舌复合体（premento-hypopharyngeal complex）特化而来，是位于头腔中的主要取食器官，而传统的主要取食器官——下唇复合体（dorsomentum and ventromentum）则在这一类群中退化，摄食功能退居其次，仅在头壳前端起辅助进食作用。

长足摇蚊亚科分族、属检索表

1. 头壳圆形或椭圆形，即头壳的长径近似于或略长于短径（头壳最大宽度）；背颏板和背颏齿均存在 ……………………………………………2
   头壳狭长形，头长至少是头宽的 1.5 倍；背颏不明显，无背颏齿………
   ……五脉类 Pentaneurinii ……………………………………………5
2. 头壳常为淡色或灰白。若唇舌前缘凹陷，则前半部唇齿明显黑褐；若唇齿前缘平直或外凸，唇舌颜色常与头壳其他部位相同 ……………3
   头壳常为褐色或金黄。唇舌前缘明显凹陷，唇齿颜色常泛黄，但极少为黑色……Macropelopiini ……………………………………………4
3. 唇舌前半部明显黑化，唇齿齿尖连线明显内凹。腹孔 VP 常常与 S_{10} 孔靠近 ………………………………………………Procladiini
   唇舌颜色偏淡，常与头壳其他部分同色。唇舌前缘外凸，腹孔 VP 常在 S_{10} 孔之后………………………………………………Tanypodiini
4. 唇舌具有 5 齿，前缘明显凹陷；侧唇舌二分叉 …………*Macropelopia*
   唇舌具有 4 齿，前缘近乎平直；侧唇舌多分支，呈梳状；上颚常具有少量小型表齿 ………………………………………………*Derotanypus*
5. 下颚须基节常分节…………………………………………………6
   下颚须基节单一，无分节 …………*Thienemannimyia* group[*]

---

① 这里直译的中文不符合汉语逻辑。Thienemann 和 Zavrel （1916）最初定义此类群时，特指幼虫原始未分节的足比其他类群要发达，而后拓展到成虫性状，其腿的长度可与体长比肩。本亚科的原意应指长腿（肢）而非长足，但词根"-pod-"本意是指与地面接触的部分，即汉语中"足"的含义，故本书遵循原意，沿用以往错误的译注"长足亚科"。

6.　下颚须分节常多于 2 节；S_9、S_{10} 和 VP 孔靠近，形成一个小三角区，SSm 孔距三角区较远，处于头壳中部后方 ················ *Ablabesmyia*

　　下颚须分节常仅 2 节；S_9、S_{10} 及 SSm 常连成一条直线，VP 孔正好落在这条线的侧后方 ······························ *Zavrelimyia*

*蒂长足摇蚊群（*Thienemannimyia* group）是一个非常复杂的类群，许多种类单凭幼虫甚至无法鉴定到属，依靠头部毛序可以粗略地进行区分，详细的资料请参考美洲（Kowalyk, 1985）和欧洲（Rieradevall and Brooks, 2001）的种类，但国内的种属可能与欧美种类有很大不同。

　　根据头壳长宽比、头壳着色程度及现生幼虫食性，为方便叙述，长足类可以粗分为两类：狭长-捕食型和椭圆头-杂食型。

3.1.1　类型Ⅰ：狭长-捕食型

　　此类幼虫几乎为严格的肉食主义者，部分种类具有吞食同类的习性。幼虫的分布多与追逐活体食物有关，常取食水生植物繁茂区域内的原生动物、枝角类和小型桡足类。

　　1. *Ablabesmyia* sp.（图版Ⅰ，A-B）

　　本属种类常常缺失唇舌，而以碎片形式保存较多。亚化石可以借助于腹孔的排序与其他类群进行区分，即 S_9、S_{10} 和 VP 三孔近似聚集，与侧后方的 SSm 相距较远，且 S_{10} 一定在 S_9 的侧后方，SSm 为薄壁孔。下唇须若残存，则至少两分节。依据这一性状进可进一步区分出不同的 morphotype。

　　易混淆属种： *Thienemannimyia* group spp. 和 *Zavrelimyia* spp. 。

　　栖境类型： 草型湖泊中尤为丰富。

　　词源： *Ablabes*-, [Gr.], harmless, innocent; -*myia*, [Gr.], fly。建议中文音译成"艾布拉属"（类似翻译可以参考鲤科及游蛇科中的相关种类），而传统理解成 *a*-, -*blabe*（无突摇蚊属）的翻译则明显错误。日本根据其斑腿、斑翅等性状翻译成"彩带姬摇蚊"。

2. *Clinotanypus* sp.（图版Ⅰ，C-D）

此属头壳的各种性状均较特化，易区分。亚化石可以通过弯钩状的上颚，前颏区域经常残存几列八字形的细齿，以及齿舌常 6 齿，较平常的 5 齿或 4 齿齿舌可明显区分开来。腹面毛序与 *Natarsia* 及 *Zavrelimyia* 的种类类似，即 VP 孔在其他三孔连成的一条直线侧下方，但可通过背孔序列和齿舌等特性区分开来。

易混淆属种：国内无，国外近似属为 *Coelotanypus* Kieffer。

栖境类型：仅出现在低地平原湖泊和丘陵溪流之中，为耐热种。北方京津冀地区多为 *C. microtrichos* Yan & Ye，长江中下游种类多为 *C. yani* Cheng & Wang，而南岭以南的种类分化较为多态，属内幼虫分化较弱，较难或不易区分。

词源：*Clino-* = *Klino-*, [Gr.], bend, slope, 弯折，指幼虫上颚的性状；*-tanypus*, [Gr.], long-foot, 指显著超过体长的前足或后足，建议译成"弯颚长足属"。此属以往常翻译为"菱跗摇蚊属"，主要依据成虫性状中的第 4 跗节为菱形，类似的性状多见于 *Cardiocladius* 及 Diamesinae 中，非本属独有衍征，且尚未遵循属名的希腊词源。

3. *Conchapelopia/Coffmania* sp.（图版Ⅰ，E-H）

此类群隶属于繁杂的 *Thienemannimyia* group 系，在亚化石上尤为凸显，无明显特征区别于其他相似类群。沉积物中的残存可以通过腹孔分布与已知种类进行对比分析，但属级鉴定不能确保正确，比较折中的做法是标记为 *Thienemannimyia* group sp.。*Coffmania* 的单系性需要进一步验证，其幼虫与 *Conchapelopia* 不能区分。考虑到不同采样点获得的成虫均为 *Conchapelopia*，因此这里暂作上述处理。目前此类群中，中国已知的类群还包含 *Amnihayesomyia*、*Arctopelopia*、*Rheopelopia*、*Thienemannimyia*（*Thienemannimyia*）和 *Thienemannimyia*（*Hayesomyia*）。

易混淆属种：*Thienemannimyia* group spp. 中的其他成员。

栖境类型：多在 2～3 级河流，部分栖息在湖泊沿岸带水位波动较强的区域。

词源：*Concha-* =*Konche-*, [Gr.], snail, shell; *-pelopia*, [Gr.], a female god name in Greek mythology，音译为"佩罗比亚"。故 *Conchapelopia* 中译名建议为"壳佩罗属"；而 *Coffmania* 是为了纪念美国摇蚊学家 William P. Coffman（1942.1.7～2013.1.25），因此建议音译为"科夫曼属"。

4. *Nilotanypus* sp.（图版Ⅰ，Ⅰ）

此属是长足类中个体较小的种类，多生活在低海拔（<2000m）的低地溪流中，在高海拔的青藏高原区域未发现其踪影。其幼虫借助于突兀的央中齿可以很容易地与其他类群区分开来，具有类似齿舌的种类在古北区西部还包含 *Labrundinia*，但是此属在国内未见报道。亚化石中，齿舌常缺失，可借助特殊腹孔排序进行识别：腹面中部一般仅见三孔，SSm 孔异常靠后，不易观察到，此性状为亚科中独有的表征。正常情况下，SSm 均分布在齿舌的齿根下方近中部区域。目前，此属国内共报道了 4 种（Cheng and Wang, 2006），其中北部常见种类为 *N. dubius*（Meigen），分布在我国干旱–半干旱区域的新疆、甘肃、内蒙古、宁夏和东北地区；而南岭以南的常见种类是 *N. polycanthus*（Cheng & Wang）；中间过渡地带的种类未知；两种常见种的亚化石头壳不能区分。

易混淆属种：目前国内无。

栖境类型：1～2 级小型溪流。

词源：*Nilo-* = *Neilos-*, [Gr.], the Nile River, of the Nile; *-tany-* = *-tanyo-*, [Gr.], stretch out, long; *-pus* = *-pous*, *-podos*, *-poda*, [Gr.], foot。适合音译为"尼罗长足属"。

5. *Trissopelopia* sp.（图版Ⅱ，A-C）

本属种类与 *Thienemannimyia* 群的种类伴生，亚化石更不易区分。腹面毛序结构较特别，其 4 孔的连线（S_9-S_{10}-VP-SSm）近似一个倾斜的阿拉伯数字"7"，且开口朝前（头端部）。虽然国内报道了 3 种，但同物异名的可能性非常高（Cheng and Wang, 2005）。广布种为 *T. longimana*（Staeger），但在云南、青海、西藏的高寒区域，可能是本属的另外一种。

易混淆属种：本属腹孔的排序易与 *Larsia* 的种类混淆，但后者 4 孔的连线（S_{10}-S_9-VP-SSm）为开口朝下的镜像"7"字形。*Larsia* 的种类一般存在于小型密闭的溪流中，极少出现在沉积物中。

栖境类型：多栖息在山地溪流中或高山渗流中。

词源：*Trisso-* = *Trissos*, [Gr.], threefold, the third，这里指 Kieffer（1923）最初发现本属是处于 *Tanypus*（=*Pelopia*）与 *Psectrotanypus* 之间的第三个属；*-pelopia*, [Gr.], 希腊神话人名，译文见上文。本属建议意译为"第三佩罗属"。

6. *Zavrelimyia* sp.（图版 II，D-F）

此属幼虫唇舌不易与 *Thienemannimyia* 群区分，但可以借助于唇舌基部规整的颗粒带与其他相似属群进行粗分。比较稳定的性状是毛序排布模式，本属中 S_9-S_{10}-SSm 常常可连成一条直线（或近似直线），而 VP 正好处于这条线中部的下方（靠近 S_{10}）。目前，此属包含两个亚属：*Zavrelimyia*（*Zavrelimyia*）和 *Zavrelimyia*（*Paramerina*）。两亚属的幼虫界限不明，不建议进一步区分，前期文献中放在 *Paramerina* 的种类，已经全部转入本属之下。

易混淆属种：与本属腹孔排布相近的类群是 *Xenopelopia* 和 *Pentaneurella*，但目前后两属在国内均未有报道。

栖境类型：生境多样化，包含树洞临时积水、溪流、河流和湖滨带。影响幼虫分布的因素因种而异。

词源：此属为纪念捷克著名水生生物学家 Jan Zavřel（1879～1946），-*myia*，[Gr.]，fly。建议译成"查（zha）氏长足属"。

3.1.2　类型 II：椭圆头-杂食型

1. *Derotanypus* sp.（图版 II，G-I）

本属头壳较少出现在沉积物中，可以借助于背颏板最外缘的复合齿及上颚具有大量表齿而与其他种类区分开来。腹孔排序与 Macropelopiini 的其他成员类似，但其 VP 孔和 SSm 孔近似在同一水平面上。

易混淆属种：*Psectrotanypus* Kieffer，但后者上颚无表齿，所有背颏齿均正常，无复合齿。

栖境类型：在国内，本属仅出现在高寒或中海拔（>2000m）的高山溪流中。部分高山湖中的本属头壳可能来源于供给河流的输送，而其姐妹类群 *Psectrotanypus* 常出现在海拔较低（<1500m）的山地小溪中。

词源：*Dero*- = *Deros*-，[Gr.]，long, too-long（时间长或指某性状长）；-*tanypus*，[Gr.]，long-foot，长脚（足）。Roback（1971）建立此属时没有给出具体词源的说明，据文献推测可能指雄成虫前足胫节毛或抱器端节相对较长。因此，遵从创立的原意，建议翻译成"顾（gu）长足属"。

2. *Macropelopia* sp.（图版Ⅱ，J；图版Ⅲ，A-B）

此种头壳在沉积物中的颜色较重，常呈黑褐色或茶褐色，齿舌 5 齿，粗壮，背颏 5～7 齿，明显。腹孔排列与 Macropelopiini 的其他成员类似，但 VP 孔明显靠下（侧后方），偏离其他三孔较多。

易混淆属种： 由于 Macropelopiini 在东亚地区分化较强，最近十多年新记录的小属时有出现，导致本属亚化石不易与其同类区分。常见的易混淆属种包括 *Alotanypus* Roback、*Apsectrotanypus* Fittkau、*Bilyjomyia* Niitsuma & Watson 和 *Brundiniella* Roback，特别是 *Apsectrotanypus* Fittkau 和 *Bilyjomyia* Niitsuma & Watson，其腹孔序列与本属无法区分。在亚化石毛孔不明显或头壳不完整的情况下，建议鉴定为 Macropelopiini sp.。

栖境类型： 一般在山涧源头溪流或 2～3 级溪流的中下游较为常见，高地湖泊的沿岸带偶尔会有出现，但低地平原的水体中几乎无此属的踪影。

词源： *Macro- = Makros-*, [Gr.], long or large-scale［时长，宏、广（日文）］，原指翅表具有浓密的长毛；*-pelopia*, [Gr.]，参考前文，因此本属建议译为"宏佩罗属"。

3. *Procladius* sp.（图版Ⅲ，C-D）

此属头壳整体一般呈现灰色或淡白色，而齿舌端部呈黑色，形成鲜明的对比。齿舌端部 5 齿中，中齿最低，形成明显的凹陷，但每个齿的齿尖基本都是垂直指向，无向内或向外指向。背颏板常残存 5～7 对侧齿，"八"字形排在两侧。腹孔排列与 *Derotanypus* Roback 和 *Saetheromyia* Niitsuma 相似，其典型特征是 SSm-VP 连线近乎与 S_9-S_{10} 连线垂直。

易混淆属种： *Saetheromyia* Niitsuma，目前此属国内有两种（未正式报道，个人资料）。两者的齿舌很容易区分，*Procladius* 齿舌的内齿齿向几乎均竖直（垂直），而 *Saetheromyia* 唇舌的内齿齿尖明显向外弯。

栖境类型： 复杂多样，从清洁到重污水体均有分布；从湖泊沿岸带到深水区（>100m）均有分布。

词源： *Pro- = Protos-*, [Gr.], first or earlier（原始或早期），原意指本属的 FCu 分叉较 *Tanypus* 更靠近翅端（指远离躯干那一端）（Skuse, 1889）；*-cladius=-klados*, [Gr.], branch，分支，是摇蚊中一个常用后缀，可以理解为 branched vein，特指现行摇蚊形态学术语中的 Cu 脉（van der Wulp, 1873；Sæther, 1980）。因此，本属建议翻译为"前脉属"。

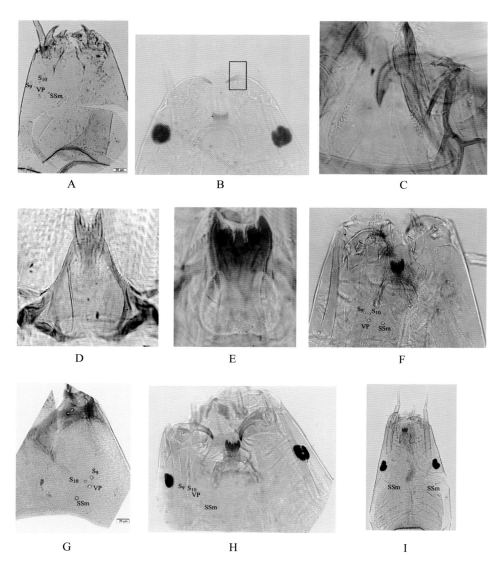

图版 I　A-B, *Ablabesmyia* sp.; C-D, *Clinotanypus* sp.; E-G, *Conchapelopia* sp.;
H, *Coffmania* sp.; I, *Nilotanypus* sp.

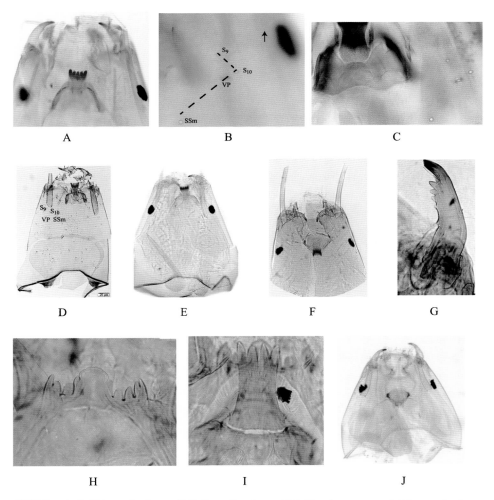

图版 Ⅱ　A-C, *Trissopelopia* sp.; D-F, *Zavrelimyia* sp.; G-I, *Derotanypus* sp.; J, *Macropelopia* sp.

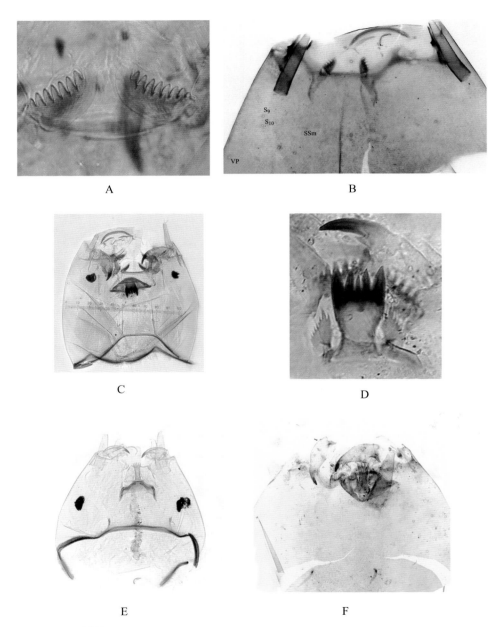

A

B

C

D

E

F

图版III　A-B, *Macropelopia* sp.; C-D, *Procladius* sp.; E-F, *Tanypus* sp.

4. *Tanypus* sp.（图版Ⅲ，E-F）

本属头壳在色泽和外形上与上述 *Procladius* 类似，但可以借助于淡色的齿舌与 *Procladius* 明显区分开来。另外，本属齿舌端部 5 齿大小相当，且齿尖有外展倾向，齿尖连线呈圆弧状，向外凸出。腹孔排序与 Macropelopiini 的部分成员类似，但是本属壳体较薄、色淡，易与后者区分。

易混淆属种： *Procladius* 部分残片容易与本属混淆。

栖境类型： 多局限于富营养静止水体，部分流速较慢的大型河流下游也有分布，是较为耐污的种类之一。

词源： 见上述相关信息，建议翻译为"长足属"。

3.2 寒山亚科 Diamesinae

寒山亚科是较为原始的类群，大部分是末次冰川间冰期间的孑遗物种，随着气候的变暖，逐步辐射扩散演化为现在的分布格局，这其中包括比例相当高的暖水种和嗜热种（Brundin, 1966）。现存绝大多数寒山亚科是高寒冷水种，生活在冰川融水的源头溪流或高地岩壁湿生环境中（Diamesini, Boreoheptagyiini），依靠发达的前颏复合体刮食溪流石块上的藻菌膜来维持其发育迟缓的一生。多数种类的化性≤1，即一年一代或多年一代。少数的种类能够生活在低地平原的丘陵溪流中，如 *Pagastia* spp. 或 *Potthastia* spp.；严格意义上的湖泊种类极少，仅在 *Protanypus* 和 *Pseudodiamesa* 两属中有所报道，但栖境专一性较差（Andersen et al., 2013）。

词源： *Dia-*, [Gr.], between, during, through, 处于中间；*-mesa-* = *-mesaios-*, [Gr.], intermediate，中间过渡。本亚科建立之初，Kieffer（1924）认为这一类群的成虫性状处于直脉亚科与长足亚科之间，即由类似直脉的躯干加上形似长足的翅脉组合而成。中文最初的翻译有失偏颇，初衷可能是强调此类群成虫的触角节数常发生退化，或幼虫具有螺旋状的第三节触角（并非所有寒山摇蚊成员都是如此）。由于"寡角"一词以讹传讹，在国内流通使用太久，不易更改，可以参考其他国家的翻译，如山摇蚊（日本）、荒野摇蚊（韩国）或雪摇蚊（欧美）。沉积物中，本亚科最为常见的类群是 *Diamesa*、*Pagastia* 和 *Pseudodiamesa*。

寒山亚科检索表

1. 头壳背面具有明显的大型角状瘤突（沉积物中突起常丢失，但瘤突基部可见马蹄印痕）·· *Boreoheptagyia*
   头壳背面缺少这种瘤突 ··· 2

2. 背颏板无齿（薄膜状）或平坦状，若平坦状，则仅一宽阔大中齿和 2～3 对侧齿 ··· 3
   背颏板中部隆起，呈方形或三角形，侧齿常多于 6 对 ················· 4

3. 背颏板无齿，头壳无明显毛孔 ················· *Potthastia longimana* group
   背颏板具有一阔形中齿和 2～3 对侧齿，头壳毛孔密集····· *Protanypus*

4. 腹颏板发达，覆盖所有背颏板或侧齿 ···································· 5
   腹颏板退化，紧贴背颏板侧方，部分覆盖侧齿 ························· 8

5. 颏板中央具有一乳突状的淡色中齿，如同菌幕笼罩整个背颏和侧齿 ·····
   ··· *Pseudodiamesa* young instars
   颏板无上述结构 ··· 6

6. 亚颏毛孔非常靠后，紧贴后头缘 ····································· *Pagastia*
   亚颏毛孔靠近颏板后方或侧方，远离后头缘 ··························· 7

7. 前上颚单一；上颚顶齿发达，通常其长度大于所有内齿的总宽度 ·····
   ··· *Potthastia gaedii* group
   前上颚至少具有 2 齿；上颚顶齿相对短小，通常不超过所有内齿的总宽度 ·· *Sympotthastia*

8. 背颏板具有单一中齿，与两侧侧齿分离较为宽阔，第一侧齿肩生小齿
   ································· *Pseudodiamesa*（腹颏幕被腐蚀类型）
   背颏板非上所述，第一侧齿无肩齿···· *Diamesa sensu lato*[*]（广义山摇蚊）

*这里的广义山摇蚊还包含以下几属，如 *Lappodiamesa*（拉普山摇蚊）、*Pseudokiefferiella*（伪基山摇蚊）、*Sasayusurika*（佐佐山摇蚊）和 *Syndiamesa*（同山摇蚊属），这些类群在中国均有分布（个人数据）。

3.2.1　常见种类

1. *Diamesa* Meigen/*Syndiamesa* Kieffer（图版IV，A-D/E-F）

这类亚化石一般着色较重，后头缘具有一圈加重的黑化区域（颈领或脖部），

这是对寒冷苛刻生活环境的一种形态适应。如仅颏板保留，本类群不易与冷水性的直脉摇蚊属（*Orthocladius*）区分。一般来讲，雪虫类的颏板侧齿常常不少于 8 对，而直脉属的颏板一般是 6 对，个别种类（subgenus *Euorthocladius*、subgenus *Eudactylocladius*）的颏板侧齿数目在 8～10 对，这时需要查看其他残存性状，如上颚和前上颚的情况。在本类群中，部分种类上颚顶齿一般弱化，与第一内齿相当；若上颚顶齿正常，需要查看前上颚性状，其一般多于 6 齿。背颏板形态则多种多样，为侧齿密集型。*Diamesa* 属与 *Syndiamesa* 属均是比较典型的溪流种，而湖泊的沉积物中包含此类群可能是由于陆源入湖溪流的输入，两属的亚化石不能区分。

易混淆属种： *Lappodiamesa* Serro-Tosio 及 *Sympotthastia* Pagast。此两属也为多齿密集型颏板，但是其中齿区域常常淡化；而 *Diamesa*/*Syndiamesa* 的颏板中齿与侧齿着色相同，均为褐色。

栖境类型： 同亚科概述，多生活在冰山源头溪流中。

词源： 同亚科。

2. *Pagastia* Oliver（图版Ⅳ，G-I）

此属较易区分，其亚颏毛非常靠后，接近后头缘区域，且其背颏板常常被腹颏幕（类似"菌幕"）包裹（亚化石中，这层膜状层常被降解），部分个体颏中齿区域常常具有一排乳突小齿，呈犬牙错落状。本属中，可以根据上颚内齿的排列情况分成两大类，即 *P. orientalis* group（图版Ⅳ，H-I）（上颚内齿大小梯度变化）和 *P. lancelata* group（图版Ⅳ，G）（上颚内齿平簇型）。

易混淆属种： 无。

栖境类型： 高山溪流种类，部分丘陵溪流也有分布。

词源： 此属是为了纪念德国昆虫学家 Dr. Felix Pagast（1908～1944）在摇蚊分类方面的贡献而建立，因此建议翻译为"帕咖氏属"。

3. *Potthastia* Kieffer（图版Ⅴ，A-B）

此属包含两种比较鲜明的颏板类型，因此常被分成两类进行阐述。

P. gaedii type（图版Ⅴ，A）：此种类群具有明显的摇蚊颏板、7～8 对侧齿及 1 个宽阔中齿，其中中齿和第一侧齿色淡，其他侧齿为黑褐色，亚颏毛紧靠颏板侧后角。

易混淆属种： 部分 *Sympotthastia* 的种类与 *P. gaedii* type 类似，具有相似的颏板组合，宽阔中齿和第一侧齿均色淡，但是可以通过比较前上颚的形态进行细分，前者前上颚至少具有一个内齿，而后者前上颚单一。

P. longimana type（图版 V，B）：此种类群无明显的额板，前上颚呈锯齿状，上颚似某些长足类，壳体相对容易鉴别，但极少出现在沉积物中。

易混淆属种：无。

栖境类型：此两种类型分布较广，生态范围不仅局限于高山寒冷溪流中，部分热带－亚热带的低地溪流也有分布。

词源：此属是为了纪念德国摇蚊学家 Dr. Anton Potthast（1891～?1918）在摇蚊幼期分类上的重大贡献。他是 August Thienemann 早期学生之一，主要工作是撰写 1913～1914 年的博士论文，后期工作不详，推测死于第一次世界大战期间（Martin Spies，个人通讯）。依据德国人的发音习惯，建议翻译成"波塔氏属"。

4. *Pseudodiamesa* Goetghebuer （图版 V，C-G）

此属凭借典型的三强颏中齿较易识别，但此三中齿实为腹颏板齿，在低龄幼虫颏板中，此区域被腹颏幕覆盖，形成一乳突透明或淡色结构，呈单中齿状，明显与末龄幼虫（或腹颏幕消失后的形态）不同。其他辅助性状包括亚颏毛孔在颏板之下，前上颚多齿，一般不少于 8 齿。

易混淆属种：无。

栖境类型：多见于湖泊沿岸带。

词源：参考亚科词源。其中 *Pseudo-* = *Pseudos-*, *Pseudes-*, [Gr.], lie, false, 伪，假。

5. *Sympotthastia* Pagastia（图版 V，H-I）

此属出现频率较低，不易与前述的 *Potthastia gaedii* group 类群区分。若要进一步区分，需前上颚保存完好。本属前上颚一般多于 2 齿，而 *P. gaedii* group 为单齿型。

易混淆属种：*Potthastia gaedii* group。

栖境类型：高地溪流。

词源：*Sym-* = *Syn-*, [Gr.], together, with，共轭、同、伴。本属性状与 *Potthastia* 相似，建议译名为"同波塔氏属"。

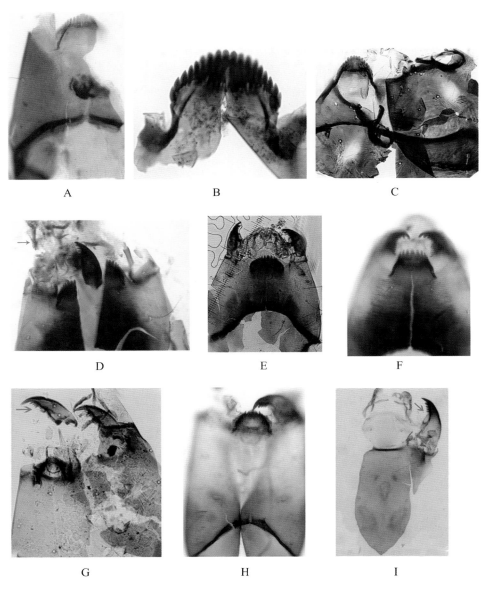

图版Ⅳ　A-D, *Diamesa* sp.; E-F, *Syndiamesa* sp.; G, *Pagastia lancelata* type;
H-I, *Pagastia orientalis* type

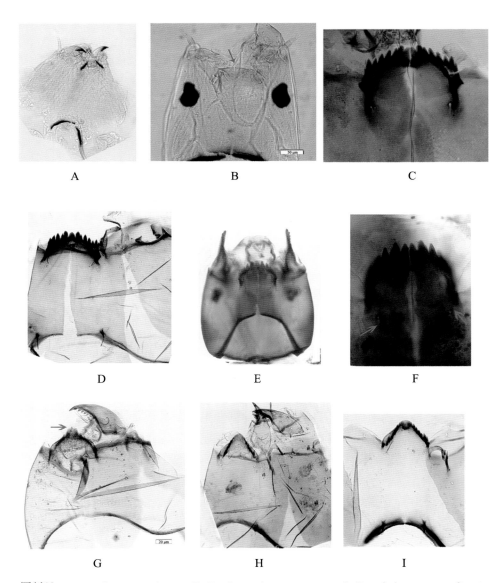

图版 V   A, *Potthastia gaedii* type; B, *Potthastia longimana* type; C, *Pseudodiamesa nepaliensis*;
D, *Pseudodiamesa nivosa*; E-F, *Pseudodiamesa* sp.; G, *Pseudodiamesa* young instars;
H-I, *Sympotthastia* sp.

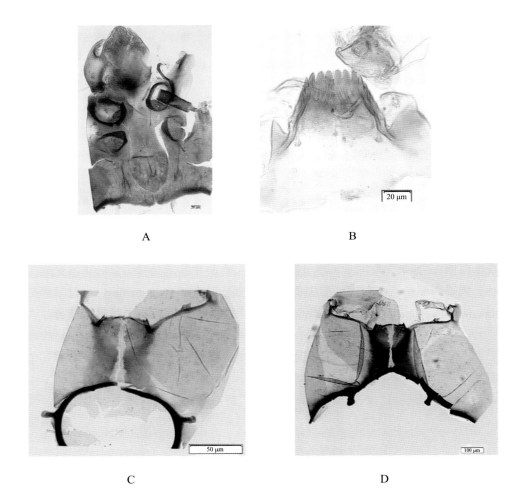

A   B

C   D

图版Ⅵ   A-B, *Boreoheptagyia* sp.; C-D, *Protanypus caudatus* type

3.2.2 非常见类型

1. *Boreoheptagyia* Brundin（图版Ⅵ，A-B）

此属多为溪流种，但出现在西藏的个别高山湖种估计为溪流携带输入的。亚化石可借助背部的头瘤明显地与其他种类区分开来，但是对于缺少背部骨片的化石，需要谨慎处理，单凭背颏板很难与 *Diamesa* 属的种类区分，但背颏板端部常呈水平状，具有 4～6 个中齿、5～6 对侧齿。

易混淆属种：*Kaluginia lebetiformis*。

栖境类型：冰雪融水。

词源：*Boreo-*, [Gr.], northern; *-hepta-*, [Gr.], seven; *-gyia* = plural of *-gyion* [Gr.], limb，直译过来为"北七足摇蚊属"，这里尚不清楚数量词"七"指代的是何种性状。

2. *Protanypus* Kieffer（图版Ⅵ，C-D）

本属亚化石识别度较高，后颏黑化；头壳上毛孔密集；后头缘伸出两个棒状的颅幕骨。颏板特化，中齿宽阔、平坦，侧齿仅 2～3 对。

易混淆属种：*Linevitshia* 及部分蠓的幼虫，其头壳也有类似的密集毛孔排布，但颏板形状明显不同。

栖境类型：高山湖泊的沿岸带，典型的湖泊种。

词源：*Pro-* 参考前文有关 *Procladius* 的叙述；*-tanypus* 参考前文 *Tanypus* 的释义，直译过来则是"前长足属"。

3.3 原山亚科 Prodiamesinae

此亚科的种类较 Diamesinae，为明显偏暖水型。幼虫的栖境不再局限于高寒溪流和湖泊中，而是朝向低地平原水域进行更广的辐射适应。目前，全世界本亚科包含 5 属，即 *Compteromesa* Sæther、*Monodiamesa* Kieffer、*Odontomesa* Pagast、*Prodiamesa* Kieffer，直脉类的 *Propsilocerus* Kieffer 也归到本亚科中，上述 5 属均在国内出现。

原山亚科检索表

1. 背额板具有一枚中齿，与侧齿可明显区分开来 ……………………2
    背额板至少具有 2 中齿或一排小细齿，呈犬牙交错状 ……………3
2. 背额板为高耸的"几"字形，中齿常凹陷；腹额板延展，末端膨大部
    分常向内勾 ……………………………………… *Monodiamesa*
    背额板为宽阔型，中齿为弯形；腹额板为三角形，末端无内勾………
    …………………………………………………… *Odontomesa*
3. 背额板中齿明显比侧齿低 ………………………………………4
    背额板中齿明显比侧齿高 ………………………………………5
4. 两中齿色淡，前三对侧齿无明显聚合 ………………… *Compteromesa*
    两中齿与侧齿颜色相同或稍淡，前三对侧齿明显聚合，形成复合齿……
    ……………………………………………………… *Prodiamesa*
5. 额板前端具有明显的乳突和腹额幕；腹额板窄，侧齿显露明显；后额
    不着色或黑化较弱 ………………… *Propsilocerus* young instars
    额板前端凹凸不平，可分化出一系列小齿；腹额板发达，覆盖大部分
    侧齿 …………………………………………… *Propsilocerus*

1. *Compteromesa* Sæther（图版Ⅶ，A）

此属与下面的 *Prodiamesa* 额板相似，但两额中齿色淡，侧齿为 8～10 对，其中前 3 对侧齿无明显聚合趋势，额鬃不显或退化。目前国内仅分布一种——*C. haradensis* Niitsuma & Makarchenko。

易混淆属种： *Prodiamesa* 和 *Nanocladius*。

栖境类型： 多栖息在湖畔周边小型砂质的溪流中。

词源： *Comptero-*, [Gr.], haired wing; *-mesa = -mesaios*, [Gr.], intermediate, 参考前文 *Diamesa* 的相关叙述。可以直译为"毛翅山摇蚊属"。

2. *Monodiamesa* Kieffer（图版Ⅶ，B）

本属由于高耸的"几"字形额板而较易识别。额中齿单一，且微凹，腹额板后角内弯。虽然本属的幼虫或亚化石经常出现在国内刊物上，但目前国内最为可靠的记录仅一种——*M. tibetica* Makarchenko, Wu & Wang。

易混淆属种： 无。

栖境类型： 典型湖泊种类，多栖息在沿岸带，深水种少见。

词源：*Mono-*, [Gr.], single, one, alone，单一，原指幼虫单一强壮颏中齿性状在整个科中独一无二；*-diamesa* 参考前面相关叙述。建议译名"单齿山摇蚊属"。

3. *Odontomesa* Pagast（图版Ⅶ，C）

本属种类较少，常出现在河流或湖畔砂质丰富的区域。亚化石颏板特化，中齿异常宽阔，侧齿为5～7对，腹颏板长且宽阔，常覆盖侧齿，颏鬃明显，密集而发达。

易混淆属种：部分亚化石颏鬃腐蚀后，当残留毛孔不易观察时，常与 *Harnischia* complex 具有宽阔淡色中齿的部分种类相混淆，如 *Acalcarella* Shilova、*Cyphomella* Sæther、*Paracladopelma* Harnisch 等。目前国内仅一种分布——*O. fulva*（Kieffer）（Liu et al., 2016）。

栖境类型：喜砂质河床，常出现在河流中的渊或潭、溪流中的缓流区（pool）和湖泊的沿岸带。

词源：*Odonto-*, [Gr.], tooth; *-mesa* 参考前文有关 *Diamesa* 的相关叙述，是广义直脉常用后缀。直译过来为"齿山摇蚊属"。

4. *Prodiamesa* Kieffer（图版Ⅶ，D）

此属是本亚科中最为常见的种类。其颏板典型，两颏中齿深陷，色淡，第一侧齿常常由3齿聚合，高耸。腹颏板与腹颏鬃均发达，腹颏板后角圆滑。

易混淆属种：*Compteromesa* Sæther，但本属腹板后角向内弯曲，腹颏鬃较弱，不同于 *Prodiamesa* spp.。

栖境类型：低地河流和湖泊沿岸带。

词源：*Pro-*, [Gr.]参考前面 *Procladius* 的词源解释，意为初始、原始、第一等；*-diamesa*, [Gr.]参考相关前述，建议译名为"原山摇蚊属"。

5. *Propsilocerus* Kieffer（图版Ⅶ，E-F）

本属个体较大，头壳为红褐或者黑棕色，颏板前缘中齿由一系列犬牙交错的突起组成，侧缘具有肥厚的腹颏板，较易识别。侧齿常有6～10对，被腹颏板所覆盖。上颚顶齿发达，具有4内齿。低龄样品常常在中齿和腹颏板的形态上有所差别，但凭借乳突状的中齿突起及发达的颏幕（几乎把背颏板全部覆盖）可以快速与成熟个体区分开来。虽然国内描述了本属5种，但最为常见的种类是 *P. akamusi* 和 *P. taihuensis*，但两者的幼虫不能区分。

易混淆属种：低龄幼虫易与 *Hydrobaenus* 混淆。

栖境类型：富营养湖泊、水库或河流下游、入海口等。

词源： *Pro-*, [Gr.], primitive; *-psilo-*, [Gr.], bare, smooth; *-cerus* from *–keras*, [Gr.], a horn, 直译过来则是"原裸角摇蚊属"。本属原始翻译为"裸须摇蚊属"，可能指成虫的下颚须较短，但并非光裸。

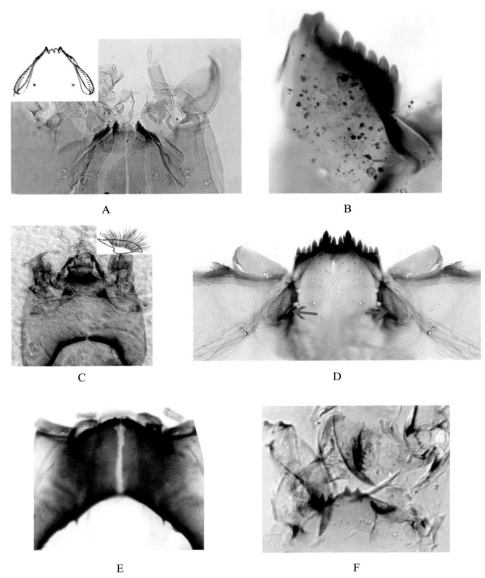

图版Ⅶ　A, *Compteromesa* sp.; B, *Monodiamesa* sp.; C, *Odontomesa fulva*; D, *Prodiamesa rufovittata* type; E, *Propsilocerus akamusi*; F, *Propsilocerus akamusi* young instars

3.4　直脉亚科 Orthocladiinae

　　本亚科种类的栖境最为多态，且幼虫分化最为多样。从栖境和生活习性来看，总体上冷水组明显多于暖水种。常见的几个大属（类群）的鉴定是摇蚊亚化石分类上最大的挑战（如 *Cricotopus*、*Eukiefferiella*、*Orthocladius*）。本章节挑选沉积物中常见的 20 属（类群）逐一进行阐述，某些相近的属群不建议区分，暂且放在一起进行叙述。

直脉亚科检索表

1. 腹颏板发达，其下常有颏鬃或毛孔存在 ……………………………………2
   腹颏板下方无鬃毛或不显 …………………………………………………4
2. 背颏板端部稍隆起，呈穹形，中齿与侧齿落差正常 ……………………3
   颏板端部陡升，着生 2~3 个中齿，中齿与侧齿落差强烈
   　　………………………………………… *Synorthocladius/Parorthocladius*
3. 颏板端部为圆形，常具有 3~4 个淡色中齿（低龄幼虫常常有淡色中齿，明显与侧齿区分开来，背颏板看似双层） ………………… *Acricotopus*
   颏板顶端具有 2 中齿，浅裂 ………………………… *Rheocricotopus*
4. 颏板仅有 2 对侧齿 …………………………………*Orthocladius lignicola*
   颏板不少于 4 对侧齿 ………………………………………………………5
5. 亚颏毛非常靠后（靠近后头缘，偏离颏体至少半个颏高）或完全落在颏板内部 ……………………………………………………………………6
   亚颏毛落在颏板基部或侧后方，远离后头缘 ………………………………8
6. 亚颏毛落在颏板之内，腹颏板双重
   　　………………………………… *Parametriocnemus/Parapahenocladius*
   亚颏毛靠近后头缘，远离颏体 ……………………………………………7
7. 中型头壳，亚颏毛近后头缘；顶齿与侧齿（齿位）落差不明显 ………
   　　………………………………………………… *Brillia/Euryhapsis*
   小型头壳，亚颏毛着生在颏板基部到后头缘的中部；颏板中齿与侧齿落差明显 ………… *Corynoneura/Onconeura/Thienemanniella*
8. 背颏纹清晰；头壳常为黑褐色，在眼点区（若存在）常被淡色圈包裹
   　　………………………………………………… *Eukiefferiella/Tvetenia*

背颜纹缺失或不显，眼点周遭着色不一 ································9

9. 腹颜板发达，末端圆形收尾，形体侧向加厚或侧后极度延展 ········10
　　腹颜板退化呈条带状，末端骨化呈球状或具有发达的颜延伸 ·······12

10. 腹颜板末端为圆形，并明显膨大，遮挡部分基部背侧齿 ·········11
　　腹颜板末端以三角形收尾 ·······························*Psectrocladius*
　　腹颜板末端极度伸展 ·································*Nanocladius*

11. 颜中齿宽阔，约是第一侧齿的 4 倍；后颜不黑化 ·················
　　·························· *Chaetocladius dentiforceps* type
　　颜中齿单一或二分叉，比侧齿稍大；后颜明显黑化 ··············
　　························· *Heterotrissocladius marcidus* type

12. 颜板侧后角形成一个着色加重的突起 ······················13
　　颜板侧后角无明显上述瘤突 ·····························14

13. 颜板最外侧三齿若聚合，形成一平台状结构；亚颜毛孔约与颜板基部
　　平齐（横坐标），落在第一侧齿之下（纵坐标）··············*Heleniella*
　　颜板最外侧三齿不聚合；亚颜毛落在颜板本体之后 ················
　　······························ *Limnophyes/Compterosmittia*

14. 亚颜毛着生位较靠后（亚颜毛到颜板基部的距离大于半个颜板的高度）
　　··15
　　亚颜毛靠近颜板本体，基本与基部持平，而部分种属多少有些偏离，
　　但均小于颜板高度的 1/4 ······························18

15. 亚颜毛常着生在发达的颜延伸末端 ······················16
　　亚颜毛近颜板本体中部着生，常常落在第二或第三侧齿的后方，从不
　　靠近颜板侧后方或颜延伸旁 ···························17

16. 颜中齿呈圆形，稍比侧齿低 ··············· *Metriocnemus terrester* type
　　颜中齿具有乳状突，明显高于侧齿 ············· *Smittia/Parasmittia*

17. 腹颜板较窄，为条带状，弧度平稳过渡，不弯折 ················
　　················· *Bryophaenocladius/Gymnometriocnemus*
　　腹颜板沿颜板侧后缘延展，稍弯折或不显；颜板最外侧 2～3 齿常弱聚
　　在一起 ···················· *Parachaetocladius/Pseudorthocladius*
　　腹颜板粗短，中部常有近似垂直弯折 ··············· *Pseudosmittia*

18. 颜板中齿宽阔，色淡，大约是第一侧齿的 6～10 倍；颜鬃孔偶存在
　　··· *Paracladius*
　　颜板无上述大型宽阔中齿，若存在，一般不超过第一侧齿宽度的 4 倍

> ································· 19
> 19. 额板两中齿明显凹陷，明显低于周边临齿；侧齿有 5 对 ··············
> ·········· *Metriocnemus fuscipes* type/*M. eurynotus* type
> 额板中齿位置正常，突出，高于侧齿 ·············· 20
> 20. 上颚顶齿常色淡，外缘从不皱褶 ·········· *Parakiefferiella*/*Hydrobaenus*
> 上颚所有的齿颜色相同，外缘常具有颗粒状褶皱或缺刻或隆起 ·······
> ···························· *Cricotopus*/*Orthocladius*[*]
>
> [*] 此两属的亚化石极难区分，研究区域如果缺少系统的基础研究，区分到种几乎不太可能。

1. *Acricotopus* Kieffer（图版Ⅷ，A-C）

本属额板中央常具有宽阔中齿，单一或具有缺刻，若具有缺刻，常进一步分为 4 小中齿，6 对侧齿。幼虫腹颏鬃发达，但在亚化石中不显，仅可见弱毛孔。亚颏毛孔与额板末端近乎齐平，靠近中部倒数第 3～4 侧齿的下方。前上颚单一，内齿弱或不显。*Acricotopus incurvatus* type（图版Ⅷ，B-C）的 4 个额中齿可与侧齿明显区分开来，且侧齿常常叠合在一起，形成一种复杂的双重结构。但亚颏毛的位置以及前上颚与其他幼虫相同。目前，国内本属常见幼虫有两种：*A. lucens*（Zetterstedt），分布在中国东北三省、内蒙古东北部及新疆低地丘陵水系中（额尔齐斯及伊犁河水系）；*A. longipalpus*（图版Ⅷ，A），分布在青藏高原和南疆高山溪流与湖泊中。

易混淆属种：额齿磨损严重的 *Cricotopus*/*Orthocladius*，但是可以通过检查腹颏鬃的残留毛孔或边界较为清晰的额中齿组分来进一步区分。

栖境类型：溪流及湖泊沿岸带。

词源：*A-*, [Gr.], not, without, 无，没有；*-cricoto-* = *-krikotos-*, [Gr.], ringed, 环状的；*-pus* = *-pous*, *-podos*, *-poda*, [Gr.], foot，足。因此建议译名为"非斑腿属"。

2. *Brillia* Kieffer（图版Ⅷ，D-F）

此属额板特殊，具有两个高耸的中齿（两中齿之间有时会出现单一退化的央中齿）。这种排列方式常常出现在 *Brillia* complex（包括 *Austrobrillia*、*Elpiscladius*、*Eurycnemus*、*Euryhapsis*、*Irisobrillia*、*Neobrillia*、*Tokyobrillia* 和 *Xylotopus* 等属）之中，而其他类群中，这种类型的额板仅出现在 *Corynonuera*、

Thienemanniella 及极少数的 *Cricotopus* 种类中,但本属的亚颏毛位置极其靠后,后颏颜色常加重, 很容易与其他属区分开来。常见的两种幼虫形态分别是 *B. japonica*（仅 2 中齿）及 *B. bifida*（正中央中齿弱化, 矮小）。

易混淆属种：*Cricotopus shilovae* Zelentzov, 但可以通过亚颏毛的位置进行区分。

栖境类型：腐殖落叶堆积较厚的溪流中。

词源：Kieffer 于 1913 建立此属时, 是为了纪念他的一位牧师朋友 J. Brill（港译：布里尔）, 因此, 中文译名可以参考为 "布里属"。

3. *Bryophaenocladius* Thienemann/*Gymnometriocnemus* Goetghebuer（图版 Ⅷ, G-H）

此类群颏板类型多样, 有 1 中齿或 2 中齿, 但侧齿均为 4 对。亚颏毛均在颏板下方。若上颚存在, 常有 3 个内齿, 顶齿颜色同内齿。

易混淆属种：类似颏板种类太多, 如 *Parachaetocladius*、*Pseudorthocladius*、*Pseudosmittia* complex、*Paratrissocladius* 等。鉴定时, 需要借助于其他残存性状特征进行校正。*Bryophaenocladius* 与 *Gymnometriocnemus* 的亚化石不可区分。

栖境类型：多为陆生或高寒苔原种类, 少数种类生活在高山湖的沿岸带。

词源：*Bryo-* = *Bryon-*, [Gr.], moss, 苔藓, 指获取材料的常见地；*-phaeno-* = *-phaino*, [Gr.], shine, brighten, 光亮, 指成虫胸部体色常黑中透亮；*-cladius*, 直脉摇蚊的常用词尾。因此, 本属的原意推测是指在苔原上发现的闪闪发亮的 "黑宝贝", 国内翻译为 "苔摇蚊属", 基本符合原意, 这里不再建议新译名。

Gymno- = *Gymnos-*, [Gr.], bare, naked, 光裸的, 指成虫翅的腋瓣光裸；*-metrioc-* = *-metrios-*, [Gr.], within measure, moderate, 可测范围, 中等的；*-nemus* = *-nemos*, [Gr.], forest or wood with pasture, 森林草场, 指材料获取地。本属原意是指与 *Metriocnemus* 属相似的, 只是翅腋瓣光裸的种类。综合上述组合, 本属可以译成 "裸瓣（摇蚊）属", 而 *Metriocnemus* 可以翻译为 "毛瓣（摇蚊）属", 特指其翅腋瓣具有发达的腋毛。

4. *Chaetocladius* Kieffer（图版Ⅷ, I）

此属较为混乱, 未知幼虫远多于发表的成虫种类, 特别是高寒种类。借助于发达的腹颏板及亚颏毛的着生位置[在垂向上均落在颏板之内, 在横向上近乎与颏板基部（底部）齐平]基本可以区分开来, 但是仍然有很多未确定因素, 识别时需慎重。

易混淆属种：*Hydrobaenus* complex（*Hydrobaenus* Fries、*Oliveridia* Sæther、*Trissocladius* Kieffer）及 *Parakiefferiella* Thienemann、*Platysmittia* Sæther。虽然 *Metriocnemus/Thienemannia* 的种类与本属颏板近似，但是通过腹颏毛的位置很容易区分开来。

栖境类型：分布较为广泛，从水陆交界的潮湿地带到溪流或渗流再到高山、高寒地带，均有本属的身影。

词源：*Chaeto*- = *Chaeta*-, [Gr.], long hair, mane, bristle, 长毛，鬃，髭；-*cladius*, [Gr.]参考前文 *Procladius* 的叙述。本属原意指翅上常具有类似"短毛"的颗粒。直译过来应为"髭脉属"。

5. *Corynoneura* Winnertz/*Thienemanniella* Kieffer（图版Ⅸ，A-B/C-D）

此类群较为特化，头壳较小，颏中央部分较为突兀，易与其他类群相区分。由于亚化石中触角鞭节常缺失，因此，此两属不建议进一步区分。

易混淆属种：*Onconeura* sp.（图版Ⅸ，E）。

栖境类型：多种多样，溪流石块藻菌膜丰富的水域偏多。

词源：*Coryno*- = *Koryne*-, [Gr.], club, mace, 梲，指一端正常，另一端浑圆的膨大鼓起的棍或棒状物，本属原意是指雄成虫翅脉结节或触角端部形态；-*neura* = -*neuron*, [Gr.], nerve, sinew, 经络，肌腱，指与前面性状相关的一类。因此，*Corynoneura* 属建议译为"结脉属"，而原始翻译的"棒脉"摇蚊虽然切合建属原意，但不符合"棒"在中文的表达，这类昆虫翅面上愈合的部分，类似汉语中的结痂、结节、翅痔或合块，而非棍棒。

Thienemanniella 是为了纪念德国湖沼学家 August Friedrich Thienemann（1882～1960）而设，而以 Thienemann 为词根，在摇蚊科中建立的属名不少于 3 属，因此建议各属的对应翻译固定下来，如蒂长足属（*Thienemannimyia*）、蒂直脉属（*Thienemannia*）、蒂长跗属（*Thienemanniola*），且不要混淆。本书沿袭传统翻译"提氏属"。

6. *Cricotopus/Orthocladius* complex（图版Ⅸ，F-J；图版Ⅹ，A-D/图版Ⅹ，E-G）

此类群长期困扰湖沼学家，经过几轮国际会议的探讨，均未解决这个学科难题。目前最为保守的做法是：必须对研究区域内的区系组成有所了解，对相似环境梯度下收集的样品采取统一的鉴定标准。考虑到此类群多样性较高（ca. 500 spp.）及不同龄期之间的形态转变较为鲜明，因此，在沉积物取样之前，优先获取采样区域范围内的现生样品（尽可能包含配套的 L-P-A），针对这一类群，构建一个局部的检索表或图片快速索引。

　　Cricotopus 目前下设 5 亚属，世界记录的种类近 300 种（含从 *Paratrichocladius* 属并入的种类），但依据成虫建立的种群并不适合幼虫或亚化石的分类（Drayson et al., 2015）。鉴于国内这一类群幼期研究较为薄弱，可以适当记几种常见类型，然后拓展，非常见类型最好处理成未知种。

　　这里介绍几种 *Cricotopus* 的常见类型。

　　C. sylvestris type（图版Ⅸ，H-I）：颏齿着色均为褐色，第 1、2 侧齿愈合，上颚外缘褶皱。此类型常常有一种亚型，即颏板中间五齿明显与颏板后面脱节，中齿宽大，同时与第 1、2 侧齿聚合，齿位下沉，跨度与其余侧齿总宽相当，这种类型定义为 *C. trifascia* type（图版Ⅸ，J）。

　　C. bicinctus type（图版Ⅸ，F-G）：颏齿呈深浅两种不同颜色，中齿和第一对侧齿颜色较浅，其余侧齿颜色较深；颏板中齿极其宽阔，大于第一侧齿宽度的 4 倍；上颚外缘褶皱。

　　C. polyannulatus type（图版Ⅹ，A-B）：颏板着色近似于 *C. bicinctus*，但色差弱，颏中部 3～5 齿偏淡褐，其他侧齿则为黑褐色；颏中齿宽度一般不超过第一侧齿宽度的 3.5 倍，第一侧齿亚端部正常或弱圆滑；上颚外缘常圆滑，弱褶皱。

　　C. annulator-triannulatus type 和 *C. rufiventris* type：颏齿着色均一，颏中齿宽度不超过第一侧齿宽度的 2.5 倍；第一侧齿亚端部膨大或浑圆。此颏板类型较为常见，出现在高寒或者高纬度地区，若上颚全为黑色且外缘平滑，则为 *C. annulator* type；若外缘有明显褶皱，仅前半部黑化，则为 *C. triannulatus* type；*C. rufiventris* type 常出现在低地平原或低海拔（<2500m）的水域中，上颚仅前部分黑化，外缘平滑。另外，这一类型的颏板还常常与 *Orthocladius* 的类群相混淆，如 *O. frigidus* type、*O. kanii* 或 *O. excavates*，但 *Orthocladius* 的种类头壳颜色常为褐中带红，后头板黑化严重。

　　C. shilovae type（图版Ⅹ，C-D）：这种类型较为特殊，颏板类似于 *Brillia* complex 的种类，其中齿明显比侧齿低，头壳纹饰多褐色龟斑碎片化，但其亚颏毛位置靠近颏板基部，而非靠近后头板。这种类型仅仅出现在青藏高原或新疆的高寒地带。

　　Orthocladius 目前下设 7 亚属，全世界约 150 种，广布于北温带或高寒、高纬度地区，而亚热带或热带地区此属种类较为少见。在中国境内，从北到南呈现一种 *Orthocladius* 生态位逐步被 *Cricotopus* 取代的趋势，这一模式同样适用于地势从西到东随着阶梯下降的过程中。暖温低地平原的 *Orthocladius* 几乎无

法找到有效特征与 *Cricotopus* 互相区分开来，这种现象在辽河流域和黄河中下游流域更为突出，最好的办法是处理成 *Cricotopus/Orthocladius* complex sp.（以下简称为 C/O complex sp.）。高寒地区的种类往往通过特殊的头壳着色及加厚加黑的后头板与邻近的属种区分开来，但一些 *C.*（*Paratrichocladius*）spp. 的种类与高山 *Orthocladius* 有着相同的生态位，需要进一步加强高寒区系的精细研究才能解决这一难题。我国常见的或易于识别的 *Orthocladius* 类型包括 *O. frigidus*（图版Ⅹ，E）、*O. kanii*（图版Ⅹ，F）、*O. lignicola*（图版Ⅹ，G）等，这里不再详述。欧洲有关此属的幼虫分类不适用于国内。

易混淆属种：*Acricotopus*、*Eukiefferiella*、*Halocladius*、*Hydrobaenus* 和 *Parakiefferiella* 等。

栖境类型：多种多样，*Cricotopus* 的种类部分与水生植物相关；*Orthocladius* 常常与河流石块上藻膜多少或厚薄有关。

词源：这里遵循以往的词源解释处理，将 *Cricotopus* 翻译为"环足属"，本属相关词源的释义请参考 *Acricotopus*，这里的汉字"足"有些不恰当，应该用"腿"表达比较贴切。*Orthocladius* 中的 *Ortho-* = *Orthos-*, [Gr.], right, straight; *-cladius* 参考前面的 *Procladius* 等，van der Wulp（1873）当初建立此属的时候，根据 Cu$_1$ 脉的性状将广义直脉摇蚊分成两类，一类是直脉类（*Orthocladius*），另一类是弯脉类（*Camptocladius*），因此本属译为"直脉属"。

7. *Eukiefferiella* Thienemann/*Tvetenia* Kieffer（图版Ⅹ，H-I；图版Ⅺ，A-B/图版Ⅺ，C-E）

此类群在沉积物中较为常见，常通过明显的额板纹理、黑化的肋条状（退化）腹额板和较窄隆起的额板与其他类群区分开来。但清晰的纹理及腹额板也常常出现在 *Limnophyes* 及 *Cricotopus/Orthocladius* complex 等相关的类群中，这时可以通过其他组合特征进行区分。*Eukiefferiella* 的亚化石有时很难与 *Tvetenia* 进行有效区分，但目前的研究发现，后者的亚额毛常常与额本体基部有一段距离，且亚额毛后侧方常常具有一个伴孔。此类群的额板类型多种多样，相关的研究请参考 Andersen 等（2013）和唐红渠（2006）。

易混淆属种：*Limnophyes*、*Paracricotopus* 和 *Orthocladius*。

栖境类型：在水温较低的山地溪流偏多。

词源：*Eu-*, [Gr.], good, well, very, primitive, true; *-kieffer-*，人名，为纪念法国自然学家和昆虫学家 Jean-Jacques Kieffer（1857～1925）而采用其姓氏作为词根，音译为"基弗"（港译）；*-ella*, [La.], diminutives, little, smaller, 多表示昵称

或爱称。因此本属的原意是指"与袖珍版基弗类似的一类生物",建议译成"真基弗属"。*Tvetenia* 来源于 Tveten 家族,系北欧姓氏,建议翻译为"提韦属"。

8. *Heleniella* Gowin(图版XI,F-G)

本属在湖泊沉积物中较少见,多由河流携带而入。颏板的典型识别特征是两中齿间隔较大,齿凹较宽,呈 U 形,有 5 对侧齿,其中末两侧齿毗生,呈退化状;腹颏板不发达。高寒区域常见的种类是 *H. curtistila*,而亚热带山地溪流的常见种是 *H. nebulosa*。

易混淆属种: *Heterotrissocladius* 和 *Paratrissocladius*。

栖境类型: 狭冷溪流种。

词源: *Helen-*,女子名;*-ella*, [La.], smaller,昵称。建议翻译为"海伦姬属"。

9. *Heterotrissocladius* Sparck(图版XI,H-I)

此属在高山湖中常见,借助于发达的双重腹颏板且亚颏毛在颏板之下可以与其他属种区分开来,部分种类常常具有黑化的亚颏区(*H. marcidus* type,图版XI,H),部分种类亚颏区正常不黑化(*H. subpilosus* type,图版XI,I),加上上述特定的颏板外形,极易识别。此属在国内虽然描述了 5 种,但仅 2 种幼虫已知,两种类型可以通过亚颏是否黑化简单区分。

易混淆属种: *Heleniella* 和 *Paratrissocladius*。

栖境类型: 高山湖泊沿岸带或狭冷溪流种,典型寡营养指示种。

词源: *Heteros-*, [Gr.], different, deviating, abnormal; *-trisso-*, [Gr.], threefold; *-cladius*, [Gr.]可参考前文 *Procladius* 的叙述。这里遵循前人翻译,处理成"异三突属"。

10. *Hydrobaenus* Fries(图版XII,A-C)

此属类型多出现在东北至长江中下游的湖泊沉积物中,单凭借颏板特征不易与其他相近类群(*Cricotopus/Orthocladius*)区分开来。颏板经常具有 2 中齿,6 对侧齿逐渐向两侧降位,腹颏板发达或退化;腹颏鬃可存在,但在亚化石中不易观察到。常见的类型是 *H. biwaquartus* 和 *H. kondoi*。幼虫一般以 3~4 龄越冬,在春季覆冰消融之后达到成熟,然后迅速羽化出来。

易混淆属种: *Acricotopus*、*Chaetocladius* 和 *Zalutschia*。

栖境类型: 温带和寒带的低地湖泊与河流,未在青藏高寒区发现。

词源: *Hydro-*, [Gr.], water, of water; *-baenus = -baeno*, [Gr.], walk, go, pass,

原意是在水上行走的一类摇蚊（水上行），指的是本属雌虫产卵的一种行为，拖着卵带在水面上投放，可以译成"行水摇蚊属"。

11. *Limnophyes* Eaton（图版Ⅻ，D-F）

此属常见于沉积物中，但丰度通常较低，推测是陆源输入或者沿岸搬运。亚化石可以借助于颏板底侧角的瘤状黑色突起及触角基节具有三个明显的"毛孔"（位置紧凑，两大一小）与其他属区分开来，但与邻近属 *Competerosmittia* 及 *Paralimnophyes* 较难区分，这两属也较为少见。

易混淆属种：*Eukiefferiella*、*Competerosmittia* 和 *Paralimnophyes*。

栖境类型：陆生，湿润水陆接合处、苔藓、沼泽、岩壁湿生。

词源：*Limno-*, [Gr.], marsh, lake, pool; *-phyes* = *-phyein*, [Gr.], from，用来表示这类生物在湖沼环境中生活，并从中羽化出来。这里遵循先前翻译"沼摇蚊属"。

12. *Metriocnemus* v. d. Wulp（图版Ⅻ，G-I）

此属在山地湖泊中出现较多，外形较为多态。目前国内描述的成虫近 20 种，绝大多数幼虫未知（Sæther et al., 1995; Li and Wang, 2014），因此很难确定具体的亚化石种类。本属亚化石的主要识别特征为：颏板两中齿（极少数为 1 阔齿）明显比第一侧齿低且小；颏板具有发达的颏后延伸，亚颏毛总是在颏板本体之后。常见的几种类型如下。

M. eurynotus type（图版Ⅻ，G）：典型本属颏板，颏板两中齿矮且低；无发达颏延伸；亚颏毛在颏本体之后。这一类型中常见的种类是 *M. brusti*（注：文献上常常出现的 *M. obscuripes*、*M. hygropetricus* 均是 *M. eurynotus* 的同物异名）。

M. fuscipes type（图版Ⅻ，H）：典型本属颏板，但具有发达的颏延伸，亚颏毛贴颏延伸终点而生，靠近颏延伸终端。

M. terrester type（图版Ⅻ，I）：特殊类型，颏中齿仅有一阔齿；颏板延伸及亚颏毛孔位置同 *M. fuscipes* type。

易混淆属种：*Thienemannia*（亚化石与此属不能区分）。

栖境类型：多出现在高地或高山渗流中，部分种类生活在高山湖泊沿岸带，少数种类生活在苔藓和贮水植物中。

词源：参考前面 *Gymnometriocnemus* 有关的论述，建议翻译为"毛瓣（摇蚊）属"。

13. *Nanocladius* Kieffer（图版 XIII，A-B）

本属识别特征较为鲜明，借助于额板顶端宽阔的淡色乳头状中齿以及极其发达后伸的腹颏板，很容易与其他种类区分开来。国内本属以下面两种较为广布，*N. baltus* 和 *N. rectinervis*（图版 XIII，B）。

易混淆属种：无。

栖境类型：常出现在湖泊、池塘的沿岸带或者大型河流的中下游。

词源：*Nano- = nanos-, nannos-*, [Gr.], little, small, 微, 纳；*-cladius*, 直脉种类常见词尾，参考 *Procladius* 相关叙述。此属本意是指成虫个体偏小，因此，建议翻译为"纳摇蚊属"。

14. *Parakiefferiella* Thienemann（图版 XIII，C-D）

此属亚化石特别难识别，需要累积一定的经验，单凭额板特征很难抉择。一些经验特征如下：两亚颏毛距离不超过额板宽度，且靠近额板本体基部；上颚顶齿颜色往往不同于内齿颜色，额板中齿颜色也常常不同于侧齿。

易混淆属种：*Cricotopus/Orthocladius*、*Hydrobaenus*……

栖境类型：多出现在湖泊沿岸带，少数出现在上游小型溪流中。

词源：*Para-*, [Gr.], besides, near; Kieffer 为纪念人的姓氏，参考 *Eukiefferiella* 相关注释；*-iella*, 昵称，爱称，指个体体型较小。因此，建议翻译为"近基弗属"。

15. *Parametriocnemus* Goetghebuer/*Paraphaenocladius* Thienemann（图版 XIII，E-G）

此两属的亚化石可以借助于中位亚颏毛迅速与其他种类区分开来。若亚颏毛着生位置分辨不清，则需要查看腹颏板的构成，这一结构多数由两块不同焦平面的腹颏板叠合而成。两属进一步的区分，需要触角基节的辅助，若存在触角基节，*Paraphaenocladius* 的触角基节粗短，呈退化状；而 *Parametriocnemus* 的种类触角基节则正常（长宽比远大于 2.0）。

易混淆属种：*Heterotrissocladius* 和 *Chaetocladius*。

栖境类型：多种多样，多出现在山地的激流中；而在 *Paraphaenocladius* 属部分种类为陆生，部分在潮湿的岩壁中或者渗流的环境中生活。

词源：*Parametriocnemus* 请参考 *Metriocnemus* 的相关释义，建议翻译为"近毛瓣属"；而 *Paraphaenocladius* 的翻译关键取决于中间词-*phaeno*-[Gr.] 的意思，

= -*phainein*-, also *phenol*-, to show, showing，表现，展现，因此建议译成"近显突（摇蚊）属"。

16. *Paracladius* Hirvenoja（图版 XIII，H-J）

此属亚化石凭借宽阔色淡的大中齿与其他类群可明显区分开来。若上颚同时存在，则顶齿为延伸型，长度不短于内三齿的总宽。

本属国内记录的成虫已达 6 种，不同种幼虫之间的识别特征较弱，建议处理成一个分类单元，其中 *P. akansextus*、*P. conversus*、*P. quadrinodosus* 可出现在同一区域的湖泊中（个人，成虫数据）。

易混淆属种：部分具有中阔齿的 *Psectrocladius* 种类（sg. *Allopsectrocladius*、sg. *Mesopsectrocladius* 和 sg. *Monopsectrocladius*），可进一步借助腹颏板后角的形状进行区分，在 *Paracladius* 中，腹颏板侧后角均以圆滑收尾，而 *Psectrocladius* 多呈三角形收尾。

栖境类型：多出现在高山湖泊（>2500m）或山地溪流或沼泽洼地中，部分种类出现在干旱半干旱的盐渍湖泊中。

词源：*Para*-, [Gr.]参考前文相关词条；-*cladius*, [Gr.]参考前文 *Procladius* 的叙述，建议翻译为"拟脉摇蚊属"。

17. *Psectrocladius* Kieffer（图版 XIV，A-H）

本属种类较为多态，分类学研究较为混乱，特别是在东亚地区。中国目前具体的种类不得而知。常见的高山湖亚化石类型可以参考欧洲区系（Brooks et al., 2007）。对于低地平原的本属物种，可以参考日本及远东地区的种类。本属的主要识别特征是发达的三角形腹颏板，且颏鬃明显。额板中齿的形态常作为划分不同 type 的重要依据，但在不同龄期，中齿相对于侧齿位置及大小有所变化，需要在大样方中进一步验证。常见的类型如下。

Ps. barbimanus type（图版 XIV，A-B）：额板两中齿明显比两侧低，且颜色稍淡。

Ps. obvius type：具有一宽阔中齿（常具有乳突），第一侧齿肩生。

Ps. sordidellus type（图版 XIV，F）：额中齿正常，比侧齿稍高，未异常突兀。这一类型包含常见的几种，如 *Ps. brehmi*、*Ps. limbatellus*、*Ps. octomaculatus*（图版 XIV，G）、*Ps. sokolovae*。

Ps. mangoldi type（图版 XIV，C-E）：具有一宽阔三角形淡色中齿，腹颏板异常发达，整体长度大约与额板宽度相当，其上着生发达的鬃毛。此类型最初

被定义为 *Rheocricotopus* sp. 1 sensu Tang，2006，但后来发现与非洲种 *Paradoxocladius mangoldi* 较为一致（Harrison, 2000），这里借用非洲物种的名称。

易混淆属种：*Chaetocladius*、*Rheocricotopus*、*Hydrobaenus* complex（*Trissocladius*、*Oliveridia*、*Zalutschia*）。

栖境类型：多种多样，从低地溪流到高山湖泊均有分布。

词源：*Psectro*-, [Gr.], scraper，铲刀，刮刀；*-cladius* 参考前文叙述。Kieffer 当年创立本属的原意可能与成虫发达的爪垫有关，当足着地时，如同铲刀一样在地面上刮动；而本属的幼虫腹颏板的底部多数呈三角形。原始译注"刀突"二字失之偏颇，可能"毛垫"或"毛靴"一词更为准确。"*-cladius*"是直脉类惯用后缀，具体含义弱化，可不译。因此，建议译为"刀摇蚊属"。

18. *Pseudosmittia* Goethebuer/*Smittia* Holmgren（图版 XIV，I-J/图版 XV，A-B）

此类型多由 1 乳头状的阔中齿和 5 对侧齿构成；上颚端部着色加重，触角退化。两属可以通过腹颏毛的位置进一步区分，*Pseudosmittia* 的种类，亚颏毛总落在颏板之内，两亚颏毛间距（SSm-SSm）大约等同于两第一侧齿之间的距离；而 *Smittia* 的亚颏毛总是靠近后侧角，紧贴颏延伸着生，两亚颏毛间距不小于颏板基部宽度；若触角基节残存，前者是退化型（宽明显大于长），而后者是正常型。

易混淆属种：其他陆生/半陆生种类，*Bryophaenocladius*/*Gymnometriocnemus* 和 *Parachaetocladius*/*Pseudorthocladius*。

栖境类型：湿润土壤、苔藓、草地或者水陆交界处。

词源：*Pseudo*-, [Gr.], lie, false，伪，假；*-smittia*-，表达喜爱之情，是一种措辞和修饰，无实意，类似"嗲斯密"。因此，两属分别为"假斯密属"和"斯密属"。

19. *Rheocricotopus* Thienemann & Harnisch（图版 XV，C-G）

本属借助于发达的腹颏板（末端圆滑收尾）和发达明显的颏鬃与其他属区分开来。目前国内记录的成虫超过 25 种（Liu et al., 2014），隶属于两亚属，绝大部分幼虫未知，还有相当多的物种需要进一步校正和发现，特别是高寒区系。亚属或者成虫群的划分不适用于亚化石，但可以根据颏板中齿的形态分为以下三类。

Rh. effusus type（图版 XV，E-F）：标准型——颏板两中齿无肩齿，宽阔；亚颏毛常位于颏板基部之上，此类型包含大部分种类。

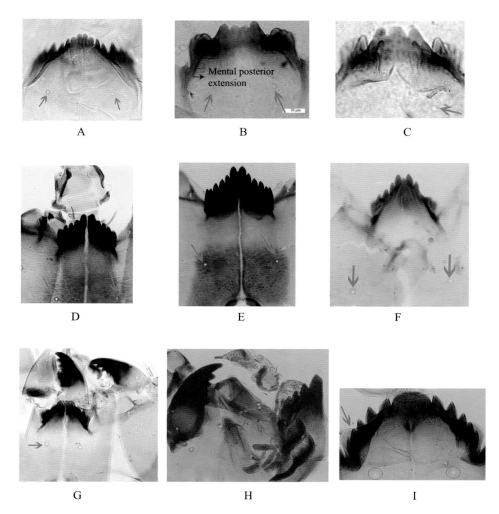

图版Ⅷ　A, *Acricotopus longipalpus*; B-C, *Acricotopus incurvatus* type; D-F, *Brillia* sp.;
G-H, *Bryophaenocladius/Gymnometriocnemus* spp.; I, *Chaetocladius* sp.

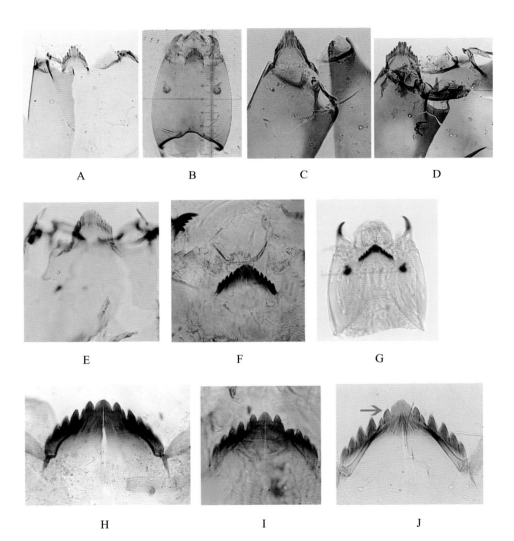

图版IX A-B, *Corynoneura lobata* type; C-D, *Thienemanniella clavicornis* type; E, *Onconeura* sp.; F-G, *Cricotopus bicinctus* type; H-I, *Cricotopus sylvestris* type; J, *Cricotopus trifascia* type

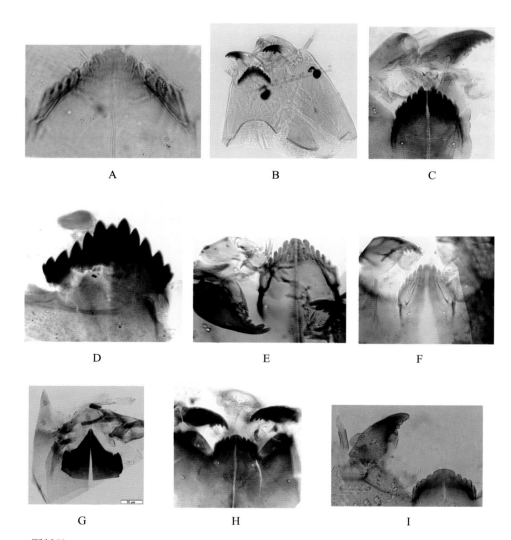

图版 X　A-B, *Cricotopus polyannulatus* type; C-D, *Cricotopus shilovae* type; E, *Orthocladius frigidus* type; F, *Orthocladius kanii* type; G,*Orthocladius lignicola* type; H-I, *Eukiefferiella devonica* type

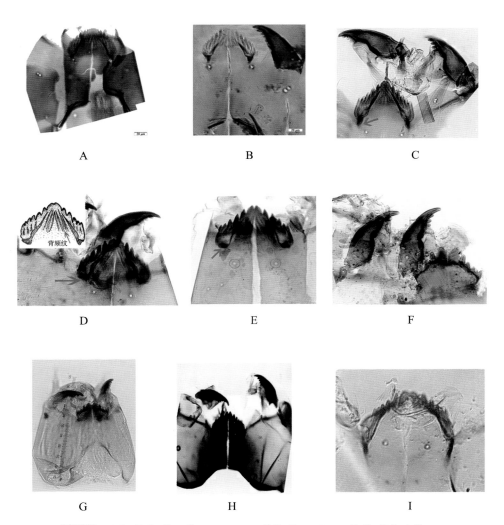

图版 XI　A-B, *Eukiefferiella gracei* type; C-E, *Tvetenia* sp.; F-G, *Heleniella* sp.;
H, *Heterotrissocladius marcidus* type; I, *Heterotrissocladius subpilosus* type

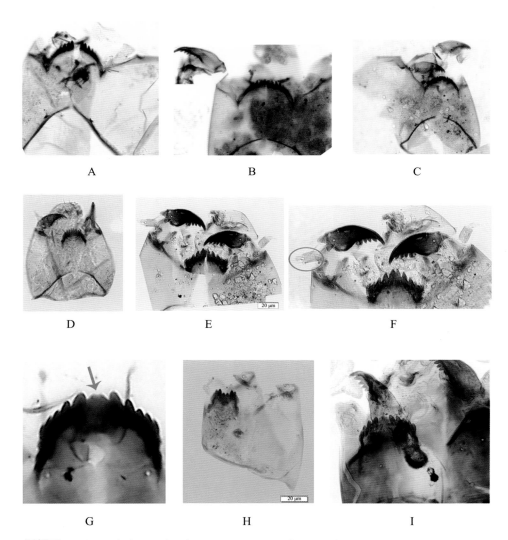

图版Ⅻ　A-C, *Hydrobaenus kondoi* type; D-F, *Limnophyes* sp.; G, *Metriocnemus eurynotus* type;
H, *Metriocnemus fuscipes* type; I, *Metriocnemus terrester* type

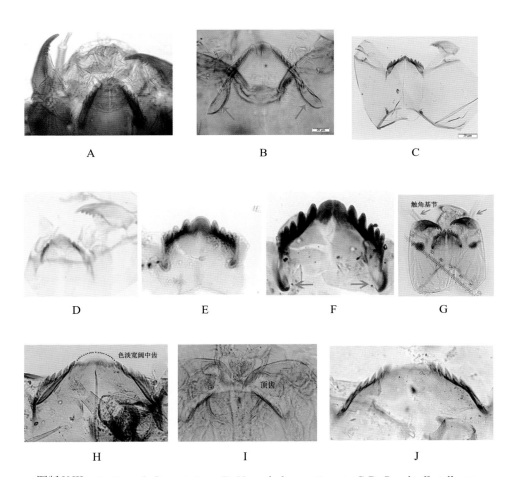

图版 XⅢ　A, *Nanocladius asiaticus*; B, *Nanocladius rectinervis*; C-D, *Parakiefferiella* spp.;
E-G, *Parametriocnemus/Paraphaenocladius* spp.; H-J, *Paracladius* spp.

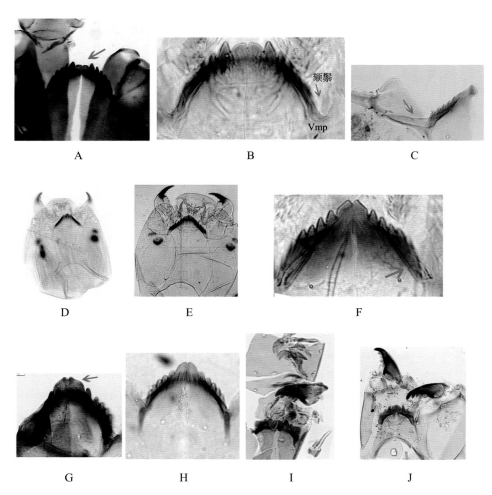

颏鬃

Vmp

A   B   C

D   E   F

G   H   I   J

图版ⅩⅣ A-B, *Psectrocladius barbimanus* type; C-E, *Psectrocladius mangoldi* type;
F, *Psectrocladius sordidellus* type; G, *Psectrocladius octomaculatus* type; H, *Psectrocladius* sp.;
I-J, *Pseudosmittia* sp.

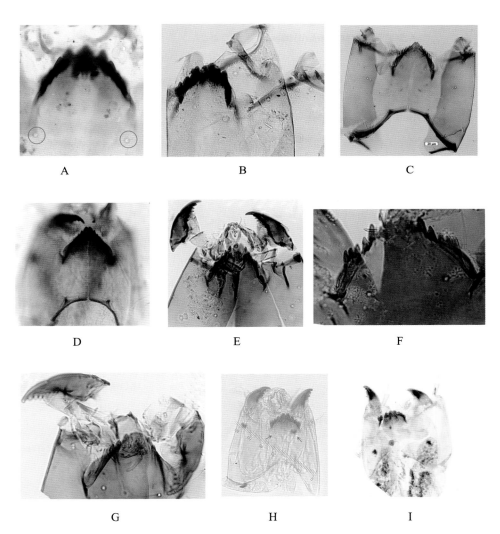

图版ⅩⅤ　A-B, *Smittia* sp.; C-D, *Rheocricotopus chalybeatus* type; E-F, *Rheocricotopus effusus* type; G, *Rheocricotopus orientalis* type; H-I, *Parachaetocladius/Pseudorthocladius* spp.

Rh. chalybeatus type（图版ⅩⅤ，C-D）：肩齿型——两颏中齿中部每侧均分化出一个小齿，看似 4 中齿；亚颏毛着生位靠后，与颏板基部齐平或明显处于颏板之后。此类型包含 *Rh. chalybeatus*、*Rh. fuscipes* 和 *Rh. robacki*。

Rh. orientalis type（图版ⅩⅤ，G）：单齿型——颏板中央仅仅有一个中齿，这个 type 名字暂定，成幼连锁尚未经过分子验证。

易混淆属种： *Psectrocladius*、part *Nanocladius*（*Plecopteracoluthus*）spp.。

栖境类型： 多流水环境，鲜见于静水或沼泽。

词源： *Rheo-*, [Gr.], stream, current; *-cricotopus*，环足属，参考前文相关描述。由于本属的成虫少有种类足上具有环纹或色环，因此不宜翻译为"流环足摇蚊属"，建议翻译为"流直脉属"。

20. *Parachaetocladius* Wülker/*Pseudorthocladius* Goethebuer（图版ⅩⅤ，H-I）

此类型出现在前面提及的混淆类型中，典型颏板识别特征是具有一宽阔中齿（中齿微凹，弱二分裂）及 4～5 对侧齿，但不易与 *Pseudosmittia/Smittia* 的种类区分，需要借助于亚颏毛的位置、中齿的发育情况和触角基节的形态综合衡量。这两属原来借用上颚内齿的数目进行区分，现在通过更多的连锁证据发现这一结论并不成立。

易混淆属种： *Pseudosmittia/Smittia*。

栖境类型： 多为岩壁或溪流苔藓中湿生，是源头溪流或水源地的代表物种。

词源： 参考前文叙述，这里遵循先前翻译，为"拟毛突（摇蚊）属"和"伪直脉属"。

3.5　摇蚊亚科 Chironominae

摇蚊亚科包括四个族：族长族（Chironomini）、长跗族（Tanytarsini）、伪摇蚊族（Pseudochironomini）和夏摇蚊族（Xiaomyiini）。各族的区别详见 Andersen 等（2013）以及 Tang 和 Cranston（2019）。

3.5.1　族长族 Chironomini

族长类颏板具有若干个颏齿；腹颏板基本上都呈扇形，影线纹发达

（*Stenochironomus* 除外）。本族中，摇蚊头壳常较大，根据成虫触角、生殖附器、胸角分支状态以幼虫劳氏器等性状，可进一步划分为不同的群，如摇蚊群（*Chironomus* complex）、多足群（*Polypedilum* complex）、哈氏群（*Harnischia* complex）和 LO 互生群（*Microtendipes* complex）等。

摇蚊亚科族长类检索表

1. 颏板向内对凹，通常具有一宽阔中齿和 4~6 对侧齿 ·················
   ·················· *Cryptochironomus/Demicryptochironomus*
   颏板外凸或水平，中齿形态多种多样 ··························2
2. 中齿常单一，中齿很少具有缺刻 ····························3
   颏板具有 2~3 或 4~6 个中齿 ·····························10
3. 颏中齿常圆滑状，宽阔，比其他齿色淡 ····················4
   中齿通常为黄色或黄褐色，与其他颏齿颜色相同 ···········5
4. 颏板具有 6 对侧齿，前上颚具有 3~4 齿 ··················
   ·················· *Saetheria/Cryptotendipes acalcar* group
   颏板具有 7 对侧齿，前上颚不超过 4 齿 ··················
   ·········· *Haranischia/Paracladoplema* excluding the *doris* group
5. 最外侧 3 齿聚合 ··6
   最外侧 3 齿不聚合，正常递增 ····························8
6. 颏中齿两侧通常具有肩齿或副齿，形成一复合齿 ···········7
   颏中齿平截或轻微分裂，后颏着色加重 ·········· *Cladopelma*
7. 亚颏通常黑化严重 ····························*Cryptotendipes*
   亚颏通常色淡，不明显黑化
   ·················· *Microchironomus* excluding the *tabarui* group
8. 颏板中部隆起，颏中齿明显高于其他侧齿；亚颏黑化严重 ···········
   ································*Benthalia dissidens*
   颏板正常水平或稍抬升，颏中齿通常不比侧齿高，亚颏着色不一 ·····
   ···9
9. 腹颏板的长宽之比常大于 1.5 ···············*Glyptotendipes*
   腹颏板宽度明显比背颏板小且窄，常呈三角形 ·········· *Dicrotendipes*
10. 颏板具有 3 中齿 ··11
    颏板具有 2、4 或 6 中齿 ·································14

11. 额板中齿常常由 1 个大型央齿和 2 个侧位的侧中齿组成，所有齿颜色均相同或近似相同 ·· 12
    额中齿常由 1 个微弱央齿和 2 个等位侧中齿组成，此 3 齿着色通常明显比侧齿淡 ··· *Microtendipes*

12. 腹额板极度延伸，左右两侧几乎在中部相遇，长是宽的 4~6 倍之多；前上颚一般多于 5 齿 ····································· *Axarus/Lipiniella*
    腹额板一般不超过背额板的宽度，其本身长宽之比不超过 3.0 ······· 13

13. 前上颚通常具有 2 齿，额板前缘通常无蛋形印痕 ············ *Chironomus*
    前上颚通常有 5~7 齿，额板前缘印痕多种多样·············· *Kiefferulus*

14. 额板具有 2 中齿，明显高出第一侧齿 ····················· *Polypedilum*
    额板具有 3~4 中齿，明显高出第一侧齿 ·················· *Endochironomus*
    额板具有 4~6 中齿，与第一侧齿齐平或低于第一侧齿 ················· 15

15. 额板具有 4~6 中齿，但中齿部分并未被腹额板上扬伸展线所分隔；额齿的大小通常由中部向两侧递减，着色相同 ·····································
    ····················· 均齿型 *Polypedilum*（with uniform teeth type）
    额板的 4~6 中齿被腹额板上扬伸展线明显分隔，额中齿的颜色通常比其他齿色淡 ··· 16

16. 额中齿区明显比侧齿区高，上颚具有 2~4 个内齿······················ 17
    额中齿区低于侧齿区或齐平，上颚具有 2 个内齿 ········· *Paratendipes*

17. 上颚具有 4 个内齿 ································ *Sergentia/Synendotendipes*
    上颚具有 2~3 个内齿 ································ *Stictochironomus*

3.5.1.1 族长群 *Chironomus* complex

此类型个体大，色深，易观察。亚化石额板及腹额板都较发达，额中齿均单一（或呈低－高－低的山峰型），且宽阔发达。在鉴定时，通常用到的性状为：额板牙齿的数量和形态、腹额板的形态、相对宽度（或腹额板与额板宽度的比例 Vmp/M）及间距、上颚内齿或者影纹线有无、亚额毛孔（SSm）着生位置及间距（SSm-SSm）。另外，头壳颜色、后头板或额板着色及骨片形态（鉴定 *Dicrotendipes* 和 *Einfeldia*）也常常作为辅助特征用来快速识别。

1. *Axarus* Roback/*Lipiniella* Shilova（图版 XVI，A-C）

此类型的显著特征是具有超长的腹颏板（Vmp/M > 1.5；VmPR > 5.0）且腹颏间距近乎为零；两亚颏毛间距（SSm-SSm）略大于颏板宽度（垂直投影落在颏板之外）。两属互为姐妹群，但可以通过上颚和颏板性状进一步区分：*Axarus* 上颚具有 4 个内齿和 1 个延长顶齿，无背齿，且内齿为切齿型或平齿型（肉食型齿）；而 *Lipiniella*（图版 XVI，C）的上颚由 3 个内齿、1 个顶齿及 1 个淡色背齿组成，内齿为正常锐齿型（牧食型齿）。两属的颏板中齿也稍有不同，*Axarus*（图版 XVI，A-B）为典型的 *Chironomus* 型，奇数齿，而 *Lipiniella* 的央中齿常进一步分化（偶尔愈合），呈双齿或四齿的偶数型；另外，两属的影线纹排布稍有不同，清晰影线均集中在中部横带，但 *Axarus* 的影线粗度更大，而 *Lipiniella* 的影线较为密集，粗度低。

易混淆属种：*Xenochironomus* sp.。

栖境类型：多栖息在静水环境,如沿岸和亚沿岸带的松软沉积物（*Lipiniella*）或黏质土壤湖床（*Axarus*）。

词源：*Axarus* Roback 为 *Anceus* Roback 的替换名（Roback, 1980），由于当初 Roback 未指出具体词源意思,推测可能是指上颚的外形或者上颚齿下毛的形态，因此可音译为"阿莎属"；*Lipiniella* 是为了纪念苏联水生生物学家 Nina（Antonina）Nikolaevna Lipina（1883～1960），因此可以音译为"里皮娜属"或"尼娜属"。

2. *Benthalia* Lipina（图版 XVI，D-E）

此属的颏板凸显高耸，中齿单一、宽大、钝圆，两侧常有齿刻，6 对侧齿依次向后侧方排列,但倒数第三侧齿比邻齿低；颏板纵肌纹明显；两亚颏毛位于颏板末齿的投影正下方；后颏和后头缘颜色明显加重。国内常见的种类仅一种 *B. dissidens*。

易混淆属种：*Fleuria* 和 *Chironomus*。

栖境类型：多生活在底质柔软的静水中，富营养到超富营养水体。

词源：*Bentha-* = *Benthos-*, [Gr.], the deep of lake or sea, bottom, 底层，底栖。因此译为"底栖摇蚊属"。

3. *Chironomus* Meigen（图版 XVI，F-G；图版 XVII，A-H）

此属为整个摇蚊科摇蚊亚科的属长,也是最复杂多样的一个属级分类单元。

在亚化石的鉴定当中，除非特殊需要，建议尽可能划分至最清晰的几个类型即可。本属颏板由 3 个中齿和 6 对侧齿组成，3 个中齿基部的愈合状态及倒数第三侧齿的齿位高低常常是分型的标准。另外，腹颏板前缘的形态（波折或平滑）及上颚基齿的色差也常作为分型的标准，但一些色泽性状存在过渡或者消逝过程，非绝对判别性状（Webb and Scholl, 1985）。本属常见类型如下。

Ch. acerbiphilus type（图版 XVI，F）：此类型侧中齿与央中齿完全分开，央中齿钝圆，高度常低于第一侧齿；第二侧齿肩生于第一侧齿，基部与第一侧齿愈合；倒数第三侧齿正常，呈侧齿平列型排布；上颚有 3 个内齿，基齿同其他，无色差。此类型多见于酸化水体或矿山废水排放系统。

Ch. anthracinus type（图版 XVI，G）：此类型颏板侧中齿与央中齿为半愈合型，央中齿中部略膨大，成乳突状；第一侧齿与第二侧齿部分愈合；倒数第三侧齿明显比相邻侧齿要低或齐平，属侧齿起伏排布型；上颚只有 2 个内齿，基齿发育不全或色淡。此类型多见于青藏高原区湖泊。亚颏黑化严重。东亚地区包含常见的 *Ch. nippodorsalis*、*Ch. nipponensis*。

Ch. entis type（图版 XVII，A-B）：此类型的典型特征为第一侧齿宽大且外扬，齿顶端为楔形，第二侧齿肩生于第一侧齿，侧中齿与央中齿基部半合生，央中齿钝圆或略尖，乳突状不明显；上颚有 3 个内齿，基齿无色差。此类型多见于长江中下游富营养湖泊中。

Ch. flaviplumus type（图版 XVII，C-E）：基于 COI 的条形码研究表明，*Ch. flaviplumus* 名下至少包含 3 个隐种，其中日本 2 种、中国 1 特有种、韩国 1 特有种。此类型颏板与 *Ch. plumosus* 相同，央中齿为乳突状，基部与侧中齿半合生，第一侧齿与第二侧齿中部愈合；亚颏颜色加重。与 *Ch. plumosus* type 的主要区别为：①腹颏板外缘呈不强烈锯齿状；②亚颏区（或颊区）的黑色斑块无明显边界，而后者的腹颏板外缘则呈强烈波折状，颊区着色面积较大，有明显的层次和界限。*Ch. striatipennis*（= *Ch. kiiensis*）（图版 XVII，H）、*Ch. circumdatus* 和 *Ch. yoshimatsui* 均属于这个类型。

Ch. plumosus type（图版 XVII，F-G）：此类型同上述 *Ch. entis* type 和 *Ch. flaviplumus* type，但本属第一侧齿伸展方向正常，腹颏板边缘呈强烈锯齿状，亚颏区色块界限和层次较明朗，产于京津冀区域的 *Ch. sinicus* 隶属于这个类型。

易混淆类型： *Einfeldia*、*Benthalia*、*Kiefferulus*。

栖境类型： 摇蚊属（*Chironomus*）的幼虫以滤食水中的食物碎屑为生，多生活在底质柔软的静水中，或中度富营养到超富营养水体；部分种在海水或者咸水生活，少数种类仅局限生活在腐殖质中。

词源： *Chiron-= Kheiron-*, [Gr.], pantomaime 哑剧或 pantomimist 哑剧表演者，指摇蚊成虫静止时，前足不停地摇摆；*-mus, -ma, -mum*, [Gr.]，表示某种动作的后缀。

4. *Dicrotendipes* Kieffer（图版 XVIII，A-E）

此类型颏板中齿单一或两侧具有缺刻，有 6 对侧齿；腹颏板呈三角形，其宽不大于颏板宽度，边缘锯齿强烈或不显，影线纹发达；两腹颏板间距约为颏板宽的 1/3。此属常常通过第一、二侧齿以末 2~3 侧齿愈合的情况进行分型。另外，若头壳背部额板保存，则是判断种类的重要识别特征。本属额板前缘凹陷，中部具有裂隙、瘤突或蛋形的背陷。常见几种类型如下。

D. flexus-septemmaculatus type：此类型颏板中齿与第一侧齿等高，第一侧齿肩生第二侧齿；中齿或有缺刻（*D. flexus*）；额板末齿独立，不愈合；亚颏毛孔着生于倒数第二侧齿和第三侧齿的缝隙正下方；额板前端有细小的裂缝。东亚地区这个类型较多，包含 *D. flexus*、*D. nipporivus*、*D. septemmaculatus*、*D. enteromorphae*（海生）和 *D. inouei*（海生）。额板外形与下述 *D. lobiger* type 形同，仅背部骨片不同。

D. lobiger type（图版 XVIII，A）：此类型颏板为自由全齿型，最外齿独立，不愈合；中齿与第一侧齿等高且两侧偶有轻微缺刻；亚颏毛孔（SSm）位于颏板末齿的正下方；额板前端有鳞片状的网格排布，且有明显蛋形凹陷。

D. nervosus type（图版 XVIII，B-C）：颏板末齿愈合，即无明显第六侧齿，颏板末端圆滑收尾；腹颏板边缘褶皱强烈；亚颏毛孔（SSm）位于颏板倒数第三个齿的正下方；额板无凹陷，仅在额板前缘的中部残留一个小的裂缝。东亚地区的 *D. fusconotatus*、*D. nigrocephalicus* 和 *D. tamaviridis* 均属于这种类型。

D. pelochloris type（图版 XVIII，D-E）：此类型极易识别，颏板末端的 3 侧齿愈合，成型齿仅存中齿和 3 对侧齿；中齿略微高于第一侧齿，两侧偶具缺刻；额板若保存完整，则前端有一个蛋形的凹陷。

易混淆属种： *Benthalia*、*Chironomus*、*Glyptotendipes* 和 *Einfeldia*。

栖境类型： 幼虫在淡水和咸水中均有分布，常生活在静水水体的边缘带中度富营养到超富营养的水体中。

词源： *Dicro- = Dikros-*, [Gr.], forked, cloven, 指最初建属的 *D. quatuordecimpunctatus* 雄成虫下附器端部分叉，但后来事实证明，本属的大部分种类下附器正常或末端仅具有角突（末端发生各种各样的形变而非仅有两支）；*-tendi-*, [Gr.], slender, *-pes*, [Gr.], leg, 即 *-tendipes* 指成虫具有纤足或细腿，也是摇蚊属、摇蚊科的另一个词源由来，后来被陆续作为其他属的常用词根。这里建议翻译为"分叉摇蚊属"，而非原来翻译的"二叉摇蚊属"。

5. *Einfeldia* Kieffer（图版 XVIII，F）

此属亚化石不易与 *Chironomus* 种类区分，侧中齿与央中齿为半愈合型，央中齿中部略膨大，成乳突状；第一、二侧齿基部愈合，近似肩生；上颚背齿和顶齿色淡，3 个内齿为黑色，色泽均一，时有 1～2 个表齿，基部缺少影线纹；前上颚具有 2 个顶齿及 2 个横截内齿。额唇板前缘具有特征性的大型蛋形凹陷，常伴生橘皮状的花纹和瘤突（部分 *Dicrotendipes* 的种类也具有此特征）。

易混淆属种：*Chironomus*、*Dicrotendipes* 和 *Kiefferulus*。

栖境类型：幼虫生活在小型湖泊、池塘及河流的边缘带，喜底质柔软的河床，多生活在富营养的水体中。

词源：来源于德国 Neumünster 北部艾费尔德湖（Einfelder See），Kieffer 当初的意思是以此湖采集的标本作为本属的正模进行发表，但由于出版滞后，而让另外一篇文章提前发表，使得此属的模式产地变更为 GroBer Binnensee，而非 Einfelder See。按照德语的发音，建议翻译为"艾费属"。

6. *Glyptotendipes* Kieffer（图版 XVIII，G-I）

此属颏板中齿常单一（低龄幼虫中齿两侧具有缺刻），侧齿有 6 对，部分种类倒数第三侧齿比邻齿低；腹颏板发达，明显长于背颏板；上颚齿下毛呈柳叶或刀片状，基部无影线纹。背部骨片异常特化，是亚属级别的主要识别特征，但亚化石中无须区分具体亚属。常见的几种类型如下。

G. salinus-glaucus type（subgenus *Glyptotendipes*）（图版 XVIII，G）：颏中齿约为第一侧齿的 1.5 倍或稍大，中齿具有明显的缺刻（*G. paripes*）或缺刻仅出现在低龄幼虫中齿，倒数第三侧齿比邻齿低；腹颏板间距不小于额中齿的宽度，腹颏板前缘平滑或褶皱明显（*G. pallens*、*G. paripes*）。东亚地区的常见种 *G. tokunagai*（图版 XVIII，H）属于此种类型。有关 *G. glaucus* 与 *G. tokunagai* 的同物异名关系，需要进一步验证。

G. biwasecundus-viridis type（sg. *Caulochironomus*）（图版 XVIII，I）：此类型颏板较为高耸，颏中齿与第一侧齿大小近似相等或略小（*G. viridis*），齿位近似等高或中齿明显低位（*G. viridis*），侧齿梯度渐变，无明显骤变低齿；两腹颏板间距总小于额中齿的宽度。本类型等同于欧洲的 *G. imbecilis* type（= *G. severini* type）或 *G. cauliginellus*（=*G. gripekoveni* type）。东亚地区本属的种类还包括

G. nishidai 和 *G. fujisecundus*。

易混淆属种：*Benthalia*、*Demeijerea* 和 *Fleuria*。

栖境类型：此属幼虫常生活在水生植物丰富的池塘、湖泊或者河流下游，以泥质河床、中度富营养到超富营养水体居多；绝大多数种类钻蛀水生植物或生活在沉枝落叶中，少数种类与苔藓虫共生或盐生。

词源：*Glypto*- = *Glypho*-, [Gr.], carved, a carving tool, knife, chisel, 刻刀的，刀状，凿子等，指幼虫上颚齿下毛的性状；*-tendipes* 参考 *Dicrotendipes* 相关介绍，为摇蚊的常用后缀。这里翻译为"凿摇蚊属"，而非原始文献记载的"雕翅摇蚊属"。

3.5.1.2 哈氏群 *Harnischia* complex

1. *Cladopelma* Kieffer（图版 XIX，A）

本属亚化石较易识别，后颏明显黑化，且颏板末三齿聚合；颏板中齿为偶数，区别于后颏也常常黑化的 *Cryptotendipes* 及 *Microchironomus tabarui*。

易混淆属种：*Cryptotendipes* 和 *Microchironomus*。

栖境类型：湖泊、池塘的泥沙底质，部分大型河流的下游也有分布。

词源：*Clado*-, [Gr.], branched; *-pelma*, sole of foot, bottom of foot, 脚底板，指成虫的第 IX 背板常常特化成板块，建议翻译为"枝尾属"。

2. *Cryptochironomus* Kieffer（图版 XIX，B-C）

本属颏板两侧明显内凹（向内弯折），中齿宽阔，色淡，侧齿一般为 6 对，第一侧齿常常与中齿愈合，色淡，其他侧齿常呈黄褐色，末两齿常常愈合或淡化。

易混淆属种：*Demicryptochironomus*。

栖境类型：多种多样，偏好砂质环境。

词源：*Crypto*- = *Kryptos*-, [Gr.], hidden, secret; *-chironomus* 参考前面相关描述，意为隐藏的、神秘的摇蚊，这里遵循原始翻译"隐摇蚊属"。

3. *Cryptotendipes* Beck et Beck（图版 XIX，E）

本属后颏常常具有特征性的黑化区域，且中齿单一，末三齿愈合。

易混淆属种：*Cladopelma* 和 *Microchironomus*。

栖境类型： 多出现在湖泊或大型河流中下游的砂质河床中，少数种类生活在蒙新区的盐湖中（e.g., *C. acalcar*）。

词源： *Crypto-*, [Gr.]，参考 *Cryptochironomus*；*-tendipes* 参考 *Dicrotendipes*。在摇蚊属名的拉丁构成中，*Cryptotendipes* 与 *Cryptochironomus* 的词意并无实质区别，只是用来标记不同的类群，同样的例子可见于 *Microtendipes* 和 *Microchironomus*、*Paratendipes* 和 *Parachironomus*。这里的两个词根 *-tendipes* 和 *-chironomus* 也是同一内涵，可分别译为"颟足"和"摇蚊"，这里建议翻译为"隐颟足属"。

4. *Demicryptochironomus* Lenz（图版 XIX，D）

本属颏板与前述 *Cryptochironomus* 雷同，但头型常细小，腹颏板相对宽阔，颏齿颜色总体呈淡黄，非黑色或黑褐，侧齿有 7 对；中齿宽阔，色淡，第一侧齿颜色同其他侧齿，米黄色，末两齿未愈合。

易混淆属种： *Cryptochironomus*。

栖境类型： 多出现在含有砂质的溪流或湖泊沿岸带，是典型的机会肉食者。

词源： *Demi-*, [Gr.], half; *-cryptochironomus* 参考前文叙述，指本属与 *Cryptochironomus* 较为接近，因此翻译为"半隐摇蚊属"。

5. *Harnischia* Kieffer（图版 XIX，F）

本属颏板较为平直，在亚化石中，颏板整体颜色偏淡，不易识别具体种类。中齿一般为偶数或中间具有缺刻；上颚内齿为平齿型，前上颚有 5~7 齿。

易混淆属种： *Paracladopelma*。

栖境类型： 多生活在湖泊或者大型河流的泥沙底质中。

词源： 为纪念德国动物生理学家 Otto Harnisch（1901~1961）而设，遵循旧有翻译"哈氏属"。

6. *Microchironomus* Kieffer（图版 XIX，G-I）

本属颏板较为平直，奇数颏中齿，单一或三分齿；颏板末三齿愈合，后颏区一般不黑化 [*M. tabarui*（图版 XIX，H-I）除外]。

易混淆属种： *Cladopelma*。

栖境类型： 大型河流中下游或池塘、湖泊的沿岸带。

词源： *Micro-*, [Gr.], small, little, tiny; *-chironomus* 参考前文叙述。这里遵循原始译注"小摇蚊属"。

7. *Parachironomus* Lenz（图版ⅩⅩ，A）

本属的典型特征是颏板齿尖锐利，颏板通体为淡色；腹颏板为三角形，边缘常具有强烈的锯齿。

易混淆属种：*Saetheria*。

栖境类型：多数种类与水生植物有关联，喜静水环境或河口环境。

词源：*Para-*, [Gr.], beside, near; *-chironomus* 参考前文叙述，遵循原始翻译"拟摇蚊属"。

8. *Paracladopelma* Harnisch/*Saetheria* Jackson（图版ⅩⅩ，B-C/D）

此两属的幼虫常常依靠完整的触角分节进行区分，在亚化石中，常借助于颏板中齿的形态及影线纹的粗细进行粗略判断。前者颏板一般为宽阔穹庐形，中齿为淡色薄膜状，前上颚易观察到 5～7 个大齿，影线纹较粗壮；而后者的中齿一般为三角形（东亚种类），着色与侧齿雷同，前上颚一般能观察到 2～3 个大齿，影线纹无明显加厚。

易混淆属种：*Harnischia* 和 *Cyphomella*。

栖境类型：常出现在溪流或者河流下游的砂质底质中。

词源：*Para-*, [Gr.], beside, near; *-cladopelma* 参考前文叙述，建议翻译为"近枝尾属"；*Saether-*是为了纪念挪威摇蚊分类学家 Ole Anton Sæther（1936～2013）而设，因此音译为"萨氏摇蚊属"。

9. *Robackia* Sæther（图版ⅩⅩ，E-G）

此属较为特化，平齿型颏板，色泽均一，影线纹为紧凑挤压型；上颚基齿铲形。

易混淆属种：*Chernovskiia* 。

栖境类型：多出现在具有砂质河床的溪流，鲜见于湖泊沿岸带。

词源：为纪念美国昆虫学家 Selwyn Samuel Roback（1924～1988）而设，建议音译为"罗氏摇蚊属"。

3.5.1.3　多足群 *Polypedilum* complex

1. *Endochironomus* Kieffer/*Synendotendipes* Grodhaus（图版ⅩⅩ，H-J）

此属种类较为少见，颏板具有 3（*E. tendens*）或 4 个中齿，第一、四侧齿齿位低或正常（*E. albipennis*）（中齿与侧齿的划分依据腹颏板前侧角的延展分割）。上颚无背齿，仅 1 个顶齿和 3～4 个内齿，齿下毛中下位着生；颏板两侧常常具有瘤突状的下颚轴（maxillary cardo）。常见的种类为 *E. pekanus*（图版 XX，H-I）及 *E. tendens*，两者均具有三个颏中齿，区别在于后者央中齿宽于侧中齿，而前者央中齿相对低矮。若上颚具有 4 个发育完好的内齿，则为 *Synendotendipes* 的种类（图版 XX，J）。

易混淆属种： *Tribelos* 和 *Phaenopsectra*。

栖境类型： 水生植物丰富的池塘或湖泊。

词源： *Endo-*, [Gr.], inside, within; *-chironomus* 或*-tendipes* 参考前文相关叙述，是常见的摇蚊同名异形体；*Syn-*, [Gr.], together, with。因此，可以将上面两属分别翻译为"内摇蚊属"和"骈内摇蚊属"。

2. *Microtendipes* Kieffer（图版 XXI，A-B）

本属颏板易于识别，常具有 2～3 个淡色中齿，可明显与其他侧齿区分开来。常见的 2 个中齿的类型（若三齿，央中齿极其微弱）均属于 *M. umbrosus* type（图版 XXI，B）；而具有三个等大淡色中齿的种类为 *M. famiefeus* type（图版 XXI，A）。

易混淆属种： 无。

栖境类型： 多出现在溪流中下游，少见于湖泊的沿岸带。

词源： *Micro-*, [Gr.], small, little, tiny; *-tendipes* 为摇蚊常用词根。该属名构成本意为"小型顸足摇蚊"，与 *Microchironomus* 同义，但此属个体中等，不宜直译为"小顸足属"，可以借助于成虫腿节常常具有两排倒毛而命名，这里遵循原始翻译"倒毛摇蚊属"，但需要注意的是，并非本属的所有成虫都具有这个性状，*M. brevitarsis* 及 *M. nigritia* 就缺少上述倒毛（Langton, 2016）。

3. *Paratendipes* Kieffer（图版 XXI，C-D）

此属易于识别，颏板具有 4 个淡色中齿，齿位均明显低于最高的第二侧齿。后头孔发达，占据整个头长的一半之余，使得后颏长度相对较短。根据第一侧齿和 4 个中齿的相对高度，可以分为 *P. albimanus* type（第一侧齿高于中齿）（图版 XXI，C）及 *P. subaequalis* type（第一侧齿低于中齿）（图版 XXI，D）。

易混淆属种： *Omisus* 和 *Skusella*。

栖境类型： 多见于 3～4 级河流的砂质河床，偶见于湖泊沿岸带。

词源： *Para-*, [Gr.], near, beside, 意为拟、同、似；而 *Paratendipes* 又与 *Parachironomus* 同义，可译为"似摇蚊属"。原始翻译的"间摇蚊属"可能是指

本属的性状介于 Chironomini 和 Tanytarsini 之间，且具有中附器，但实为 Connectens group（= LO 互生群）的成员之一，但目前来看，东亚地区这个类群中至少包含 10 属，因此不宜采用"间摇蚊"来命名此属。

4. *Polypedilum* Kieffer（图版 XXI，E-I；图版 XXII，A-E）

此属为摇蚊最大的、最为多态的属级分类单元，可与 *Tanytarsus* 媲美。根据颏板的排布形态，可以分为典型颏板（2 高 2 低中齿）和等齿型颏板（近乎等大，颏齿从中间向两侧逐级递减或近似梯度递减）。常见的几个亚属在亚化石中不好区分，但可以根据腹颏板内角延伸方向、颏板侧后方是否具有膨大的叶状突起及两腹颏板间距划分成若干类型。如在指名亚属中，常见的类型是 *P. nubifer* type（图版 XXI，G）、*P. nubeculosum* type（图版 XXI，E-F）及等齿型的 *P. laetum* type（图版 XXII，A）、*P. okiharaki* type（图版 XXII，B）等；在 *Pentapedilum*（图版 XXI，H-I）亚属中，常见的是 *P. convexum*、*P. tritum* type；在 *Uresipedilum*（图版 XXII，E）中，常见的类型是 *P. paraviceps* type 及等齿型的 *P. convictum* type；在 *Tripodura*（图版 XXII，C-D）中，常见的是 *P. unifascium* type 及后头缘颜色加重的 *P. masudai* type。

易混淆属种：无。

栖境类型：多种多样。

词源：*Polyp- = Polypus-*, [Lt.], many footed; *-pedilum*, [Lt.], related to foot。原意指本属成虫足的末端具有发达的爪垫（多分支）及爪间突（单一），看似有多根足丝，故名"多足摇蚊属"。

5. *Sergentia* Kieffer/*Phaenopsectra* Kieffer（图版 XXII，F-G）

本属较难识别，与其颏板类似的种类太多，常常借助于上颚的特征进行进一步区分。本属上颚包含明显的表齿，且具有 4 个发育完整的内齿，齿下毛中下至下下位。即使同时考虑上述性状，也不易与 *Synendotendipes* 进行区分，需要参考一定的生境资料或者骨片、前上颚等性状再进行分类。而 *Phaenopsectra* 的种类，上颚仅有 3 个内齿，颏板 4 个中齿相对高耸，第一侧齿齿位低于邻齿。

易混淆属种：*Stictochironomus*、*Synendotendipes* 和 *Triboles*。

栖境类型：*Sergentia* 多分布于山地溪流或者高山湖泊沿岸带；而 *Phaenopsectra* 的种类多分布在静水环境中，与水生植物相关。

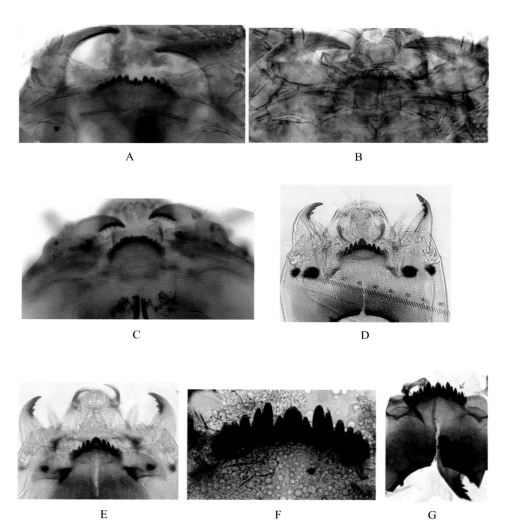

A

B

C

D

E

F

G

图版 XVI　A-B, *Axarus fungorum*; C, *Lipiniella moderata*; D-E, *Benthalia dissidens*;
F, *Chironomus acerbiphilus*; G, *Chironomus anthracinus*

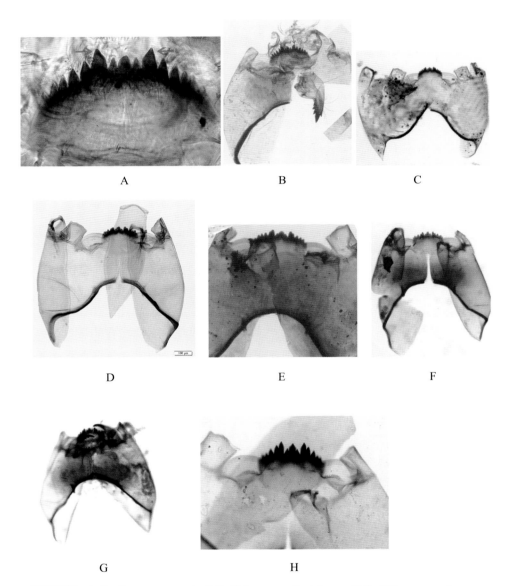

图版 XⅦ A-B, *Chironomus entis*; C-E, *Chironomus flaviplumus*; F-G, *Chironomus plumosus* type; H, *Chironomus striatipennis* (=*kiiensis*)

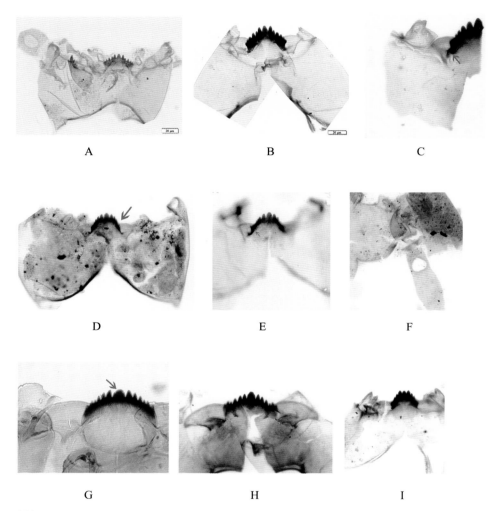

图版 XVIII　A, *Dicrotendipes lobiger* type; B-C, *Dicrotendipes nervosus* type; D-E, *Dicrotendipes pelochloris* type; F, *Einfeldia pagana* type; G, *Glyptotendipes salinus* type; H, *Glyptotendipes tokunagai*; I, *Glyptotendipes viridis* type

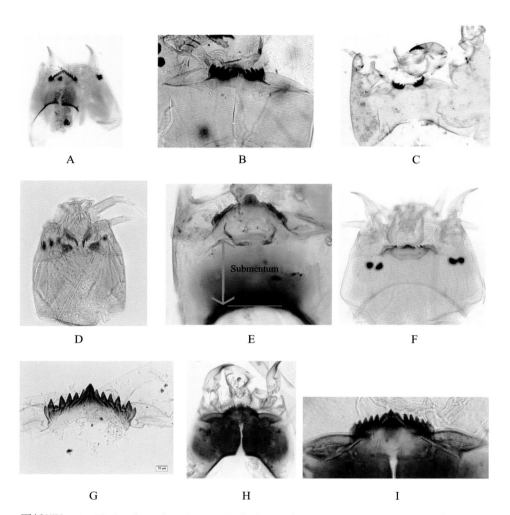

图版XIX A, *Cladopelma edwardsi* type; B-C, *Cryptochironomus* sp.; D, *Demicryptochironomus* sp.; E, *Cryptotendipes* sp.; F, *Harnischia* sp.; G, *Microchironomus tener*; H-I, *Microchironomus tabarui*

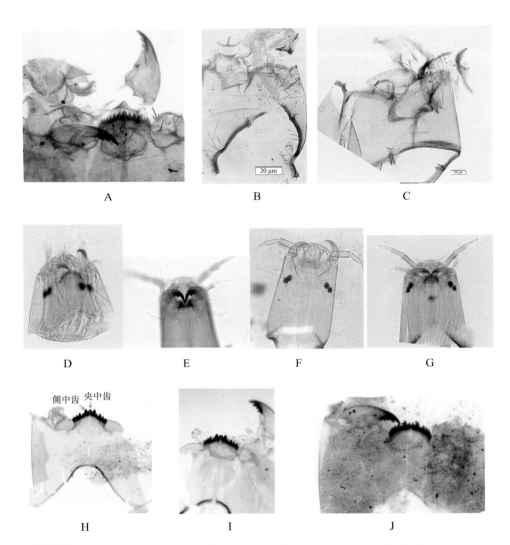

图版 XX　A, *Parachironomus gracilior* type; B-C, *Paracladopelma* sp.; D, *Saetheria separata*; E, *Robackia claviger*; F-G, *Robackia pilicauda*; H-I, *Endochironomus pekanus*; J, *Synendotendipes impar*

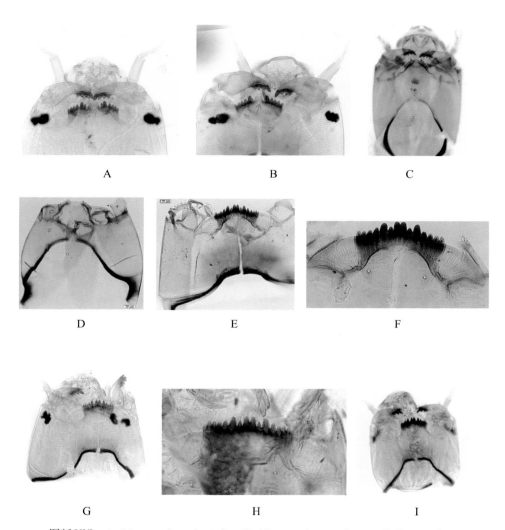

图版 XXI　A, *Microtendipes famiefeus*; B, *Microtendipes umbrosus*; C, *Paratendipes nigrofasciatus*; D, *Paratendipes subaequalis*; E-F, *Polypedilum nubeculosum* type; G, *Polypedilum nubifer* type; H-I, *Polypedilum*（*Pentapedilum*）spp.

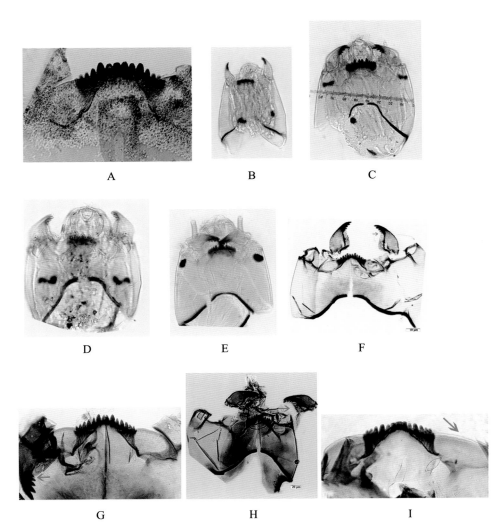

图版 XXII A, *Polypedilum laetum* type; B, *Polypedilum okiharaki* type; C-D, *Polypedilum*
（*Tripodura*）spp.; E, *Polypedilum*（*Uresipedilum*）sp.; F-G, *Sergentia* sp.;
H-I, *Stictochironomus* sp.

词源：*Sergentia* 是 Kieffer 当年为了纪念其朋友 T. Sergent 而设的，因此翻译成"塞氏摇蚊属"；而 *Phaenopsectra* 则是由 *Phaeno-*（= *Phaino-*, [Gr.], shine, brighten，光亮，指成虫体色）和-*psectra*（[Gr.], scraper，铲刀，刮刀，指抱器端节细长如剪）组成，因此可以翻译为"亮铗摇蚊属"。

6. *Stictochironomus* Kieffer（图版 XXⅡ，H-I）

本属颏板类型同前面所述的 *Phaenopsectra*、*Synendotendipes* 和 *Triboles* 的幼虫，可通过触角具有互生的劳氏器与其他类型区分开来，但亚化石中一定要借助于上颚的内齿数目进行仔细辨别，本属上颚内齿大多数为 2 齿；另外，腹颏板的影线密度及粗细也可用来辅助鉴定，本属的影线在腹颏板中部及基部较弱、较细，仅前缘较为清晰；而 *Sergentia* 的种类其影线在整个腹颏板均较清晰。

易混淆属种：*Sergentia* 和 *Conochironomus*。

栖境类型：多栖息在河流中下游或小型遮阴溪流中，部分高寒种类栖息在湖泊沿岸带。

词源：*Sticto-*, [Gr.], punctured, spotted，指成虫常具有翅斑；-*chironomus* 参考前文描述。这里沿用前人翻译"斑摇蚊属"。

3.5.2　长跗族 Tanytarsini

长跗族可以根据腹颏板的形状及前上颚齿的多寡分为三大类群，分别为长跗组 *Tanytarsus* group、双齿组 *Micropsectra* group 和舟型组 *Zavrelia* group。

长跗族分群、分属检索表

1. 腹颏板呈棍棒状或香肠状，左右两板窄隙，几乎贴紧 ·················2
   腹颏板呈舟形或三角形，其前角常向下，内扣，对生；左右两板明显分开······舟型组 *Zavrelia* group ·································7
2. 触角托开口呈三角形，腹颏板影线胖大成石块状 ····· *Rheotanytarsus*
   触角托开口呈圆形，腹颏板影线正常 ·····························3
3. 颏板通常具有 4 对侧齿，上颚外侧常具有一隆起 ·········*Neozavrelia*
   颏板具有 5~6 对侧齿，上颚外缘平滑，无隆起·····················4

4. 触角托短，长宽大体相当；后头板退化 ·································5
    触角托发达，长至少是宽的 1.5 倍 ·······························6
5. 所有颏齿均为褐色或黑色，着色均一 ·············· *Paratanytarsus*
    颏板中齿呈三分状，中齿（或部分中齿）着色比其他侧齿淡 ········
    ··· *Cladotanytarsus*
6. 前上颚具有 2 齿 ·································· *Micropsectra*
    前上颚多于 3 齿 ···································· *Tanytarsus*
7. 触角托矩舌状，单一；头壳表面无附属物 ···················8
    触角托矩多齿状；头壳侧缘或背面具有瘤突或颗粒区 ·········9
8. 背颏板及两腹颏板侧角均向中部强烈倾斜；第一侧齿色淡，与中齿相
    似，但与其他侧齿区分明显 ·········· *Constempellina/Thienemannilola*
    背颏板及两腹颏板近乎水平状或稍倾斜；第一侧齿色淡，与其他侧齿
    均为褐色 ································ *Stempellinella/Zavrelia*
9. 触角托矩由舌状突和梳状板共同组成 ··········· *Neostempelinella*
    触角托矩仅存梳状板，缺少舌状突 ·················· *Stempellina*

3.5.2.1 长跗组 *Tanytarsus* group

本类群前上颚多为多齿型（≥3 齿）。

1. *Cladotanytarsus* Kieffer（图版 XXIII，A-E）

本属可以借助于触角托和后头板的形状与长跗族的其他成员区分开来。一般来说，本属的触角托不发达，高度短于基宽，端部斜切面（与触角第一节接合面）为梨形或者亚三角形；后头板瘦窄，长度大于基部宽度。颏板中齿一般多生肩齿，呈三分状或五分状；对于第二侧齿低的类群可很好地与其他姐妹群区分，但是对于全齿形且触角托丢失的种类，需要观察更多的完整标本来核实。国内目前本属幼虫研究十分薄弱，世界性的修订工作正由波兰的昆虫学家 Wojciech Gilka 推进。常见的亚化石类型如下。

C. conversus type（图版 XXIII，A-B）：颏板具有等三中齿，触角 A2 全骨化，第一侧齿低或弱小，下位着生或等位着生，包含种类 *C. conversus*、*C. isigacedeus*（Sasa and Suzuki, 2000）。

C. mancus type（图版 XXIII，C-D）：山峦形中齿、第二侧齿明显低（下位着生）；A2 半骨化，端部透明，基部有明显的骨化边界，亚热带低地平原常见的种类 *C. paratridorsum* 和 *C. gracilistylus* 均属于这类。

C. vanderwulpi type（图版 XXIII，E）：侧齿为均一型，无明显低位着生，齿尖基本连成一线，中齿是山峦形；触角 A2 近全骨化。

易混淆属种： *Tanytarsus*。

栖境类型： 多生活在大型河流的中下游和低地平原湖泊的沿岸带，青藏高寒区几乎没有本属的存在。

词源： *Clado-*, [Gr.], branched, 指中附器毛枝状；*-tany- = -tanyo-*, [Gr.], stretch out, long; *-tarsus, -tarsi*（pl.）= *-tarsos*, [Gr.], the flat parts of articulation between the foot and the leg, 指昆虫爪和胫节之间的部分。中文原始译为"枝长跗属"，这里遵循原始翻译。

2. *Tanytarsus* v. d. Wulp（图版 XXIV，D-I；图版 XXV，A-B）

本属类型异质性高，东亚地区已描述总类超过 100 种。种间区分特征常常集中在触角鞭节上，但亚化石较难保存，因此，仅凭借颏板较难鉴定，需要利用触角托及后头板的一些性状进行辅助鉴定。与邻近属的主要区别是触角托切口呈圆形或椭圆形，一般无矩（*T. chinyensis* group 及 *T. curticornis* group 具有发达的长矩），前上颚多于 3 齿，后头板常发达，梯形状。由于此属的幼期研究在国内过于滞后，有关本属亚化石类型的划分，请谨慎参考 Brooks 等（2007），这里不再赘述。

易混淆属种： *Micropsectra*。

栖境类型： 多种多样。

词源： 参考 *Cladotanytarsus* 的相关叙述，这里沿袭前人翻译"长跗属"。

3.5.2.2 双齿组 *Micropsectra* group

本类群前上颚均为二齿型。

1. *Micropsectra* Kieffer（图版 XXV，C-H）

本属种类与前述 *Tanytarsus* 不易区分，特别是触角托丢失的个体。总体来说，本属大部分的种类触角托上具有矩，为小型、点滴或三角状；前上颚仅有

2 齿；后头板退化或中度发达。本属种类复杂，东亚地区种类亟待修订，有关分型请参考 Stur 和 Ekrem（2006）（现生 *M. atrofasciata* group）及 Brooks 等（2007）（亚化石）。

易混淆属种：*Tanytarsus*。

栖境类型：高山湖泊或溪流的多样性远远多于低地平原水系，多数种类是湖泊寡营养的代表种。

词源：*Micro-*, [Gr.], small, little, tiny; *-psectra*, [Gr.], scraper，铲刀，刀片，推测 Kieffer 当初认为雄成虫肛尖上的半月板［杆、冠、片（anal crest）］比较重要，因此正确的译文应该为"微片摇蚊属"，而非传统上的"小突摇蚊属"（虽然本属幼虫的触角托大部分具有小突起，但并非绝对）。

2. *Neozavrelia* Goetghebuer（图版ⅩⅩⅢ，F-I）

本属在东亚地区较为多样，有近 20 种。亚化石颏板端部倾向齐平，由 1 个中齿和 4 对（少数是 5 对）侧齿组成，部分种类中齿退化，不易观察；上颚外缘具有显著隆起。国内 *N. tamanona* 较为常见。

易混淆属种：*Sublettea*。

栖境类型：多溪流环境，河床底质间隙水丰富或与地下水交互频繁的流动水系；鲜有湖泊沿岸带报道。

词源：*Neo-*, [Gr.], new, young, recent; *-zavrel* 参考前文 *Zavrelimyia* 的相关描述，可以翻译为"新查氏（长跗）属"。

3. *Paratanytarsus* Thienemann & Bause（图版ⅩⅩⅥ，A-D）

本属亚化石相对较易识别，颏齿着色与大小相对均一；触角托短且无矩，后头板退化且端部常皱缩龟裂，使得邻近区域带有明显收缩纹（纹络）。依据上颚内齿的数目，常常划分为两类：*P. kaszabi* type（图版ⅩⅩⅥ，A-B）上颚具有三个内齿（3i）；*P. penicillatus* type（图版ⅩⅩⅥ，C-D）上颚具有两个内齿（2i）。

易混淆属种：无。

栖境类型：多与水生植物相关，栖境多种多样。

词源：*Para-*, [Gr.], beside, near; *-tanytarsus* 参考相关叙述。这里遵循原始文献翻译为"拟长跗摇蚊属"。

4. *Rheotanytarsus* Thienemann & Bause（图版ⅩⅩⅣ，A-C）

本属亚化石在此类群中最易识别，腹颏板影线特化为铺路石子状，特厚加粗；触角托无矩，前上颚有 2 齿。

易混淆属种：无。

栖境类型：常见于流水中。

词源：*Rheo-*, [Gr.], fluid, stream, current; *-tanytarsus* 为常用后缀，参考前文 *Cladotanytarsus* 的相关叙述。本属沿用先前翻译"流长跗摇蚊属"。

3.5.2.3 舟型组 *Zavrelia* group

本类群的腹颏板不同于传统上述两组的长矩形（或香肠形），而呈舟形，腹颏板前侧角有内扣（向下倾斜）倾向。包含的种类有 *Constempellina* Brundin、*Biwatendipes* Tokunaga、*Neostempelinella* Reiss、*Stempellina* Thienemann & Bause、*Stempellinella* Brundin、*Thienemanniola* Kieffer 和 *Zavrelia* Kieffer。

1. *Constempellina/Thienemanniola*（含 *Biwatendipes*）（图版 XXVI，F）

本属触角矩为单一舌状，头壳背面平滑，无明显瘤突，颏板凹陷，中齿和第一侧齿色淡。两属进一步区分需要查看中齿的状态，前者中齿为三角形、突出，额板 S_3 多分支，而后者平直、宽阔，额板 S_3 单一。

易混淆属种：*Stempellinella/Zavrelia*。

栖境类型：多湖泊或者沼泽中，与水生植物相关。

词源：*Con-*, [Gr.], together, with; *-stempell-*, a German family name，参考后面 *Stempellina* 的相关叙述，可以翻译为"共施氏长跗属"。*Thienemanniola* 是为纪念 August Thienemann 而设，可以译为"蒂长跗属"。

2. *Stempellina* Thienemann & Bause（图版 XXVI，I）

本属颏板与 *Stempellinella/Zavrelia* 类似，但第一侧齿明显低；腹颏板明显内扣，触角矩为单一栉梳型，头壳后头板常具有几对瘤突。

易混淆属种：*Stempellinella/Zavrelia*。

栖境类型：小型清洁溪流，鲜见于湖泊沿岸带。

词源：本属是 Thienemann 为纪念早期对他有影响的一位同事 Walter Stempell（1869～1938）（University in Muenster, Germany），可以翻译为"施氏长跗属"。

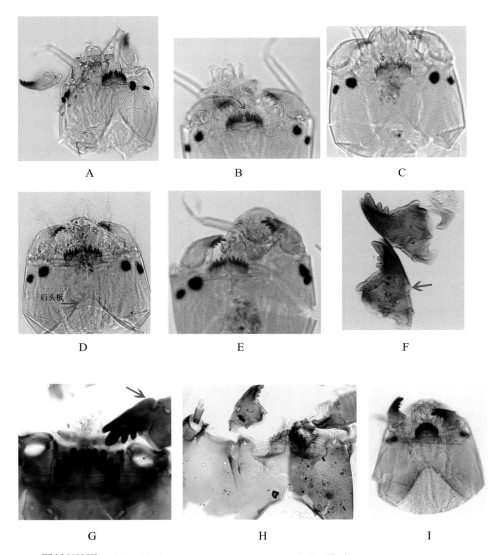

图版 XXⅢ　A-B, *Cladotanytarsus conversus* type; C-D, *Cladotanytarsus mancus* type; E, *Cladotanytarsus vanderwulpi* type; F-I, *Neozavrelia* sp.

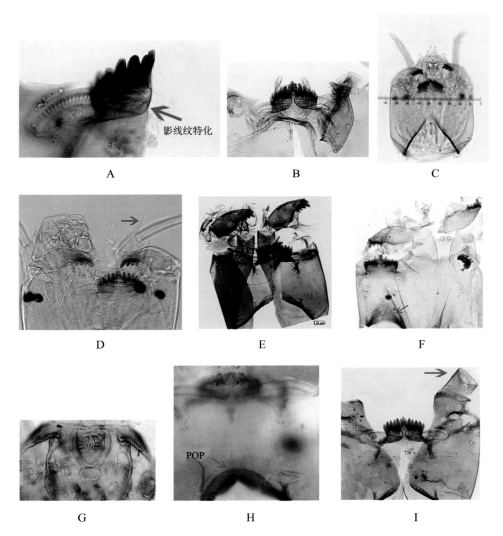

图版 ⅩⅩⅣ A-C, *Rheotanytarsus* spp.; D, *Tanytarsus chinyensis* type; E-F, *Tanytarsus gracilens* type; G-I, *Tanytarsus* sp.

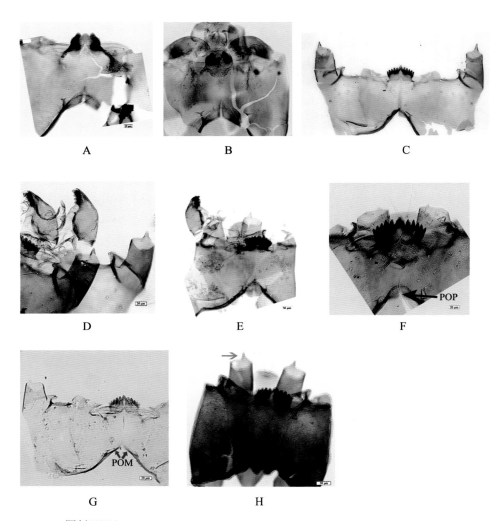

图版 XXV　A-B, *Tanytarsus sinuatus* type; C, *Micropsectra atrofasciata* type;
D-E, *Micropsectra contracta* type; F, *Micropsectra insignilobus* type; G, *Micropsectra radialis*
type; H, *Micropsectra* sp.

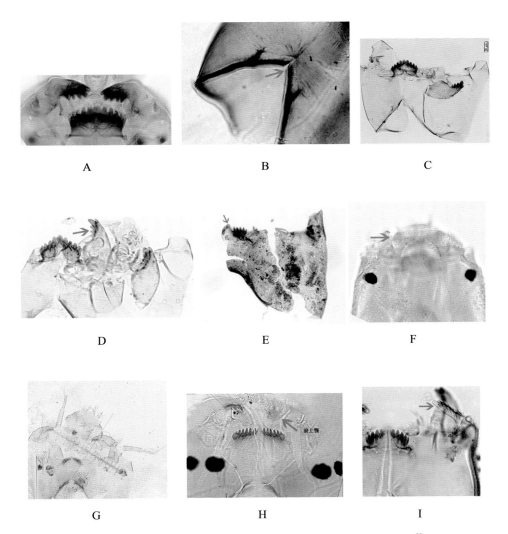

图版 XXVI A-B, *Paratanytarsus kaszabi* type; C-D, *Paratanytarsus penicillatus* type;
E, *Neostempelinella* sp.; F, *Constempellina/Thienemanniola* sp.; G-H, *Stempellinella/Zavrelia* sp.;
I, *Stempellina* sp.

3. *Stempellinella* Brundin/*Zavrelia* Kieffer（图版 XXVI，G-H）

本属触角矩为单一舌状，头壳背面平滑，无明显瘤突，颊板平直或微凸，腹颏板呈水平状，无内扣倾向。两属进一步区分需要前上颚的辅助，相关种属可参考 Ekrem（2007）、Ekrem 和 Stur（2009）。

易混淆属种：*Constempellina*、*Thienemanniola*，但上述两类颊板有内凹的倾向，而 *Stempellinella/Zavrelia* 颊板整体微凸。

栖境类型：多生活于郁闭的小型溪流中，但鲜有湖泊特有种。

词源：*Stempellinella* 是沿袭 *Stempellina* 的命名原则，原意指的是 small or young Stempell，指施坦普尔家族的年轻一代（新生代），可以翻译为"小施氏摇蚊属"。而 *Zavrelia* 是纪念捷克著名水生生物学家 Jan Zavřel，因此可以翻译为"查长跗属"。

4. *Neostempelinella* Reiss（图版 XXVI，E）

触角矩为复合型：舌状＋栉梳同时存在；头壳额唇板常呈颗粒状分布，颊板稍突兀，腹颏板水平状。

易混淆属种：*Stempellinella/Zavrelia*。

栖境类型：小型清洁溪流，偏好泥沙底质。

词源：*Neo-*, [Gr.], new, young, recent; *-stempellina* 参考前文叙述。本属译为"新施氏长跗属"。

3.6 低 龄 幼 虫

低龄幼虫一直是困扰湖沼学家的难题，由于其性状尚未稳定，变异范围较大。如在族长族中，一龄幼虫的颊板都倾向于具有三中齿，而后进一步分化为形态多样的其他类群；在长足的 Procladiini 中，一龄幼虫唇舌均是二分叉；在直脉摇蚊中，颊板侧齿与中齿的数目常常发生改变。因此，低龄幼虫的准确鉴定限定了其生态应用范围，但湖泊沉积物中的低龄头壳往往不可避免。处理这类头壳时，一定要注意比对沉积物中的四龄优势种群，或请教有经验的专家。利用现存的检索表，部分低龄幼虫可能与末龄幼虫被放置在不同的属中，因此，比较保守的做法是舍弃这部分样品或处理成未鉴别种。

3.7 其他非摇蚊类

1. 蠓 Ceratopogonidae（图版XXVII，A-B）

口腔中部具有一块骨化非常严重的咽，颏齿色淡，宽阔。

2. 石蛾（石蚕）Trichopetera（图版XXVII，C-D）

石蚕的上颚由 2～3 个大齿组成，无细齿，骨化强烈，与蜉蝣或部分蠓类幼虫类似。

3. 蜉蝣 Ephemeroptera（图版XXVII，E-F）

上颚和下唇常残留，大型。上颚内缘常进一步细分成一排或多列细齿。

4. 蚋 Simuliidae（图版XXVII，G-H）

颏板中齿高耸，呈独立状；触角扇发达。上颚若保留，则常具有一个黑色顶齿，其他齿色淡或弱小。

5. 石蝇 Plectoptera（图版XXVII，I-J）

石蝇的上颚短粗，着齿部分占比较小；下颚若保留下来，常有 1～2 个顶齿，内缘常着生强壮棘，而非齿。

6. 水甲 Coeloptera（图版XXVII，K-L）

此类上颚若单独存在，则不易与蠓区分，但水甲的残存一般伴随着多分节的触角或下颚须。

7. 幽蚊 Chaoboridae（图版XXVII，M-N）

全透明，薄片状，类似某些浮游动物的残体，但枝丫状的上颚和触角扇较特殊；上颚的各齿着生位置雷同，呈原点向一侧发散状。

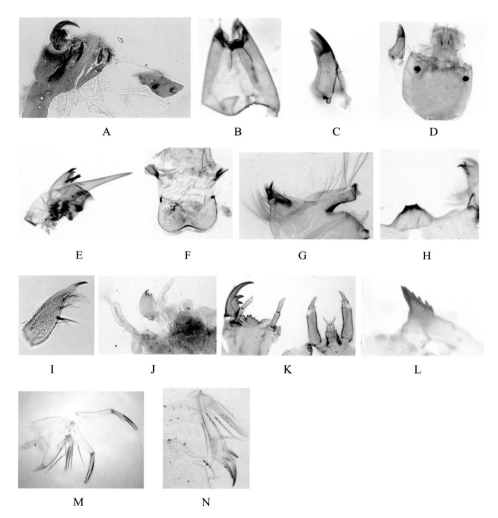

图版 XXVII A-B, Biting midge（蠓：A，上颚；B，颏板）；C-D, Caddisfly（石蚕：上颚）；E-F，Mayfly（蜉蝣：E，上颚；F，上唇）；G-H，Black fly（蚋：G，上颚；H，颏板）；I-J，Stonefly（石蝇：I，下颚内叶；J，上颚）；K-L，Water beetle［水甲：K，上颚和下颚须（左）及触角（右）；L，胸棘］；M-N, Phantom midge（幽蚊：A，触角；B，上颚）

参 考 文 献

唐红渠. 2006. 中国摇蚊科幼虫生物系统学研究. 天津: 南开大学.

王俊才，王新华. 2011. 中国北方摇蚊幼虫. 北京: 中国言实出版社.

张瑞雷，王新华，周令，等. 2004. 城市供水系统摇蚊污染发生与防治研究. 昆虫知识, 41(3): 223-226.

代田昭彦. 1969. アカムシの研究. 東京: 恒星社厚生閣.

Al-Shami S A, Rawi C S M, Ahmad A H. 2011. Influence of agricultural, industrial, and anthropogenic stresses on the distribution and diversity of macroinvertebrates in Juru River Basin, Penang, Malaysia. *Ecotoxicology and Environmental Safety*, 74(5): 1195-1202.

Andersen F S. 1938. Spätglaciale Chironomiden. *Meddelelser fra Dansk Geologisk Forening*, 9: 320-326.

Andersen T, Cranston P S, Epler J. 2013. *Chironomidae of the Holarctic Region*: *Keys and Diagnoses, Part 1: Larvae*. Lund: Scandinavian Society of Entomology.

Antonsson K, Brooks S J, Seppä H, et al. 2006. Quantitative palaeotemperature records inferred from fossil pollen and chironomid assemblages from Lake Gilltjärnen, northern central Sweden. *Journal of Quaternary Science*, 21(8): 831-841.

Arimoro F O, Ikomi R B, Iwegbue C M A. 2007. Water quality changes in relation to Diptera community patterns and diversity measured at an organic effluent impacted stream in the Niger Delta, Nigeria. *Ecological Indicators,* 7(3): 541-552.

Armitage P, Cranston P S, Pinder L C V. 1995. *The Chironomidae: The biology and ecology of non-biting midges*. London: Chapman and Hall.

Ashe P, O'Connor J P. 2009. *A World Catalogue of Chironomidae (Diptera). Part 1. Buchonomyiinae, Chilenomyiinae, Podonominae, Aphroteniinae, Tanypodinae, Usambaromyiinae, Diamesinae, Prodiamesinae and Telmatogetoninae*. Dublin: Irish Biogeographical Society & National Museum of Ireland.

Ashe P, O'Connor J P. 2012. *A World Catalogue of Chironomidae (Diptera). Part 2. Orthocladiinae*. Dublin: Irish Biogeographical Society.

Barbour M T, Gerritsen J, Snyder B D, et al. 1999. *Rapid bioassessment protocols for use in streams and wadeable rivers: Periphyton, benthic macroinvertebrates and fish*. Washington,

DC: Environmental Protection Agency.

Barley E M, Walker I R, Kurek J, et al. 2006. A northwest North American training set: Distribution of freshwater midges in relation to air temperature and lake depth. *Journal of Paleolimnology*, 36(3): 295.

Battarbee R W. 2000. Palaeolimnological approaches to climate change, with special regard to the biological record. *Quaternary Science Reviews*, 19(1-5): 107-124.

Battarbee R W, Cameron N G, Golding P, et al. 2001. Evidence for Holocene climate variability from the sediments of a Scottish remote mountain lake. *Journal of Quaternary Science: Published for the Quaternary Research Association*, 16(4): 339-346.

Bennion H, Battarbee R. 2007. The European Union water framework directive: Opportunities for palaeolimnology. *Journal of Paleolimnology*, 38(2): 285-295.

Bogut I, Vidaković J, Palijan G, et al. 2007. Benthic macroinvertebrates associated with four species of macrophytes. *Biologia*, 62(5): 600-606.

Bouchard Jr R W, Ferrington Jr L C. 2009. Winter growth, development, and emergence of *Diamesa mendotae* (Diptera: Chironomidae) in Minnesota streams. *Environmental Entomology*, 38(1): 250-259.

Brinkhurst R O. 1974. The sampling problem // Brinkhurst R O. *The Benthos of Lakes*. London: Palgrave, 141-155.

Brodersen K P, Anderson N J. 2002. Distribution of chironomids (Diptera) in low arctic West Greenland lakes: Trophic conditions, temperature and environmental reconstruction. *Freshwater Biology*, 47(6): 1137-1157.

Brodersen K P, Lindegaard C. 1999. Classification, assessment and trophic reconstruction of Danish lakes using chironomids. *Freshwater Biology*, 42(1): 143-157.

Brooks S J. 2006. Fossil midges (Diptera: Chironomidae) as palaeoclimatic indicators for the Eurasian region. *Quaternary Science Reviews*, 25(15): 1894-1910.

Brooks S J, Bennion H, John H, et al. 2001. Tracing lake trophic history with a chironomid-total phosphorus inference model. *Freshwater Biology*, 46: 513-533.

Brooks S J, Birks H J B. 2001. Chironomid-inferred air temperatures from Lateglacial and Holocene sites in north-west Europe: Progress and problems. *Quaternary Science Reviews*, 20: 1723-1741.

Brooks S J, Langdon P G, Heiri O. 2007. *The identification and use of Palaearctic Chironomidae Larvae in Palaeoecology*. London: Quaternary Research Association.

Brooks S J, Udachin V, Williamson B J. 2005. Impact of copper smelting on lakes in the southern Ural Mountains, Russia, inferred from chironomids. *Journal of Paleolimnology*, 33(2): 229-241.

Brundin L. 1956. Die bodenfaunistischen Seetypen und ihre Anwendbarkeit auf die Südhalbkugel. Zugleich eine Theorie der produktionsbiologischen Bedeutung der glazialen Erosion. *Report of the Institute of Freshwater Research*, 37: 186-235.

Brundin L. 1966. Transantarctic relationships and their significance, as evidenced by chironomid midges with a monograph of the subfamilies Podonominae and Aphroteniinae and the austral Heptagyiae. *Kunglica Svenska Vetenskapsakademiens Handlingar*, 11: 1-472.

Bryce D. 1962. Chironomidae (Diptera) from freshwater sediments with special reference to Malham Tarn (Yorks). *Transactions of the Society for British Entomology*, 15(1): 41-54.

Cao Y, Zhang E, Cheng G. 2014a. A primary study on relationships between subfossil chironomids and the distribution of aquatic macrophytes in three lowland floodplain lakes, China. *Aquatic Ecology*, 48(4): 481-492.

Cao Y, Zhang E, Langdon P, et al. 2013. Spatially different nutrient histories recorded by multiple cores and implications for management in Taihu Lake, eastern China. *Chinese Geographical Science*, 23(5): 537-549.

Cao Y, Zhang E, Langdon P G, et al. 2014b. Chironomid-inferred environmental change over the past 1400 years in the shallow, eutrophic taibai lake (south-east China): Separating impacts of climate and human activity. *The Holocene*, 24(5): 581-590.

Cao Y M, Zhang E L, Tang H Q, et al. 2016. Combined effects of nutrients and trace metals on chironomid composition and morphology in a heavily polluted lake in central China since the early 20th century. *Hydrobiologia*, 779: 147-159.

Carpenter S R, Lodge D M. 1986. Effects of submersed macrophytes on ecosystem processes. *Aquatic Botany*, 26: 341-370.

Carter C E. 1977. The recent history of the chironomid fauna of Lough Neagh, from the analysis of remains in sediment cores. *Freshwater Biology*, 7(5): 415-423.

Caseldine C, Langdon P, Holmes N. 2006. Early Holocene climate variability and the timing and extent of the Holocene thermal maximum (HTM) in northern Iceland. *Quaternary Science Reviews*, 25(17-18): 2314-2331.

Chang J C, Shulmeister J, Gröcke D R, et al. 2018a. Toward more accurate temperature reconstructions based on oxygen isotopes of subfossil chironomid head‐capsules in Australia. *Limnology and Oceanography*, 63(1): 295-307.

Chang J, Zhang E, Liu E, et al. 2018b. A 60-year historical record of polycyclic aromatic hydrocarbons (PAHs) pollution in lake sediment from Guangxi Province, Southern China. *Anthropocene*, 24: 51-60.

Cheng M, Wang X. 2005. Two new species *Trissopelopia* Kieffer from China, with emendation of the generic diagnosis and a key to the adult male *Trissopelopia* of the world (Diptera:

Chironomidae: Tanypodinae). *Entomological News*, 116(1): 15-22.

Cheng M, Wang X. 2006. *Nilotanypus* Kieffer from China (Diptera: Chironomidae: Tanypodinae). *Zootaxa*, 1193: 49-57.

Clair T, Paterson C G. 1976. Effect of a salt water intrusion on a freshwater Chironomidae community: A paleolimnological study. *Hydrobiologia*, 48(2): 131-135.

Cranston P S, Hardy N B, Morse G E. 2012. A dated molecular phylogeny for the Chironomidae (Diptera). *Systematic Entomology*, 37(1): 172-188.

De Bisthoven L J, Gerhardt A, Soares A. 2005. Chironomidae larvae as bioindicators of an acid mine drainage in Portugal. *Hydrobiologia*, 532(1-3): 181-191.

DeShon J E. 1995. Development and application of the invertebrate community index (ICI)// Davis W S, Simon T P. *Biological Assessment and Criteria: Tools for Water Resource Planning and Decision Making*. Boca Raton: CRC Press, 217-244.

Dickman M, Rygiel G. 1996. Chironomid larval deformity frequencies, mortality, and diversity in heavy-metal contaminated sediments of a Canadian riverine wetland. *Environment International*, 22(6): 693-703.

Drayson N, Cranston P S, Krosch M N. 2015. Taxonomic review of the chironomid genus *Cricotopus* v. d. Wulp (Diptera: Chironomidae) from Australia: Keys to males, females, pupae and larvae, description of ten new species and comments on *Paratrichocladius* Santos Abreu. *Zootaxa*, 3919(1): 1-40.

Drzymulska D, Fiłoc M, Kupryjanowicz M. 2014. Reconstruction of landscape paleohydrology using the sediment archives of three dystrophic lakes in northeastern Poland. *Journal of Paleolimnology*, 51(1): 45-62.

Eggermont H, Heiri O, Verschuren D. 2006. Fossil Chironomidae (Insecta: Diptera) as quantitative indicators of past salinity in African lakes. *Quaternary Science Reviews*, 25(15-16): 1966-1994.

Ekrem T. 2007. A taxonomic revision of the genus *Stempellinella* (Diptera: Chironomidae). *Journal of Natural History*, 41: 1367-1465.

Ekrem T, Stur E. 2009. A review of the genus *Zavrelia* (Diptera: Chironomidae). *Journal of European Entomology*, 106: 119-144.

Engels S, Cwynar L C. 2011. Changes in fossil chironomid remains along a depth gradient: Evidence for common faunal thresholds within lakes. *Hydrobiologia*, 665(1): 15-38.

Francis D R. 2001. A record of hypolimnetic oxygen conditions in a temperate multi-depression lake from chemical evidence and chironomid remains. *Journal of Paleolimnology*, 25: 351-365.

Frey D G. 1964. *Remains of Animals in Quaternary Lake and Bog Sediments and Their*

Interpretation. Stuttgart: Schweizerbart'sche Verlags.

Frey D G. 1993. The penetration of cladocerans into saline waters. *Hydrobiologia*, 267(1-3): 233-248.

Frossard V, Millet L, Verneaux V, et al. 2013. Chironomid assemblages in cores from multiple water depths reflect oxygen-driven changes in a deep French lake over the last 150 years. *Journal of Paleolimnology*, 50: 257-273.

Fu Z, Yoshizawa K, Yoshida N, et al. 2012. Bathymetric distribution of chironomid larvae (Diptera: Chironomidae) in Lake Saiko, Japan. *Lakes and Reservoirs Research and Management*, 17(1): 55-64.

Gajewski K, Bouchard G, Wilson S E, et al. 2005. Distribution of Chironomidae (Insecta: Diptera) head capsules in recent sediments of Canadian Arctic lakes. *Hydrobiologia*, 549(1): 131-143.

Gardarsson A. 1988. Cyclic population changes and some related events in Rock Ptarmigan in Iceland. *Adaptive Strategies and Population Ecology of Northern Grouse*, 1: 300-329.

Gathorne-Hardy F J, Lawson I T, Church M J, et al. 2007. The Chironomidae of Gróthúsvatn, Sandoy, Faroe Islands: Climatic and lake-phosphorus reconstructions, and the impact of human settlement. *The Holocene*, 17(8): 1259-1264.

Goulden C E. 1964. Progressive changes in the cladoceran and midge fauna during the ontogeny of Esthwaite Water. *Verhandlungen des Internationalen Verein Limnologie*, 15: 1000-1005.

Harrison A D. 2000. Four new genera and species of Chironomidae (Diptera) from southern Africa. *Aquatic Insects*, 22(3): 219-236.

Hayford B L, Sublette J E, Herrmann S J. 1995. Distribution of chironomids (Diptera: Chironomidae) and ceratopogonids (Diptera: Ceratopogonidae) along a Colorado thermal spring effluent. *Journal of the Kansas Entomological Society*, 68(2): 77-92.

Heinrichs M, Walker I, Mathewes R, et al. 1999. Holocene chironomid-inferred salinity and paleovegetation reconstruction from Kilpoola Lake, British Columbia. *Géographie physique et Quaternaire*, 53(2): 211-221.

Heinrichs M L, Walker I R, Mathewes R W. 2001. Chironomid-based paleosalinity records in southern British Columbia, Canada: A comparison of transfer functions. *Journal of Paleolimnology*, 26: 147-159.

Heiri O, Schilder J, van Hardenbroek M. 2012. Stable isotopic analysis of fossil chironomids as an approach to environmental reconstruction: State of development and future challenges. *Fauna Norvegica*, 31: 7-18.

Henrikson L, Olofsson J B, Oscarson H G. 1982. The impact of acidification on Chironomidae (Diptera) as indicated by subfossil stratification. *Hydrobiologia*, 86(3): 223-229.

Hilsenhoff W L. 1977. *Use of Arthropods to Evaluate Water Quality of Streams*. Madison:

Wisconsin Department of Natural Resources. Technical Bulletin, No. 100: 14.

Hunt L, Bonetto C, Marrochi N, et al. 2017. Species at risk (SPEAR) index indicates effects of insecticides on stream invertebrate communities in soy production regions of the Argentine Pampas. *Science of the Total Environment*, 580: 699-709.

Ilyashuk B, Ilyashuk E, Dauvalter V. 2003. Chironomid responses to long-term metal contamination: A paleolimnological study in two bays of Lake Imandra, Kola Peninsula, northern Russia. *Journal of Paleolimnology*, 30(2): 217-230.

Kieffer J J. 1923. Chironomides de l'Afrique équatoriale (3e partie). *Annales de la Société Entomologique de France*, 92: 149-204.

Kieffer J J. 1924. Quelques Chironomides nouveaux et remarquables du Nord de l'Europe. *Annales de la Societé Scientifique de Bruxelles*, 43: 390-397.

Kolkwitz R, Marsson M. 1909. Ökologie der tierischen Saprobien. Beiträge zur Lehre von der biologischen Gewässerbeurteilung. *Internationale Revue der Gesamten Hydrobiologie und Hydrographie*, 2(1-2): 126-152.

Konstantinov A S. 1951. Istoriya fauny khironomid nekotorykh ozer sapovednika "Borovoye" (Severniy Kazakhstan). *Trudy Laboratorii Sapropelevykh Otlozheniy*, 5: 91-107.

Korhola A, Olander H, Blom T. 2000. Cladoceran and chironomid assemblages as quantitative indicators of water depth in subarctic Fennoscandian lakes. *Journal of Paleolimnology*, 24: 43-54.

Korhola A, Vasko K, Toivonen H T, et al. 2002. Holocene temperature changes in northern Fennoscandia reconstructed from chironomids using Bayesian modelling. *Quaternary Science Reviews*, 21(16-17): 1841-1860.

Kowalyk H E. 1985. The larval cephalic setae in the Tanypodinae (Diptera: Chironomidae) and their importance in generic determinations. *The Canadian Entomologist*, 117(1): 67-106.

Kurek J, Cwynar L C, Ager T A, et al. 2009. Late Quaternary paleoclimate of western Alaska inferred from fossil chironomids and its relation to vegetation histories. *Quaternary Science Reviews*, 28(9-10): 799-811.

Lackmann A R, Butler M G. 2018. Breaking the rule: Five larval instars in the podonomine midge Trichotanypus alaskensis Brundin from Barrow, Alaska. *Journal of Limnology*, 77(1s): 31-39.

Lang B, Bedford A P, Richardson N, et al. 2003. The use of ultra-sound in the preparation of carbonate and clay sediments for chironomid analysis. *Journal of Paleolimnology*, 30(4): 451-460.

Langton P H. 2016. Amplified description of *Microtendipes brevitarsis* Brundin and *M. nigritia* sp. n. described from Scotland (Diptera, Chironomidae). *Dipterists Digest*, 23: 141-149.

Langdon P G, Ruiz Z, Brodersen K P, et al. 2006. Assessing lake eutrophication using chironomids: Understanding the nature of community response in different lake types. *Freshwater Biology*, 51(3): 562-577.

Langdon P G, Ruiz Z, Wynne S, et al. 2010. Ecological influences on larval chironomid communities in shallow lakes: Implications for palaeolimnological interpretations. *Freshwater Biology*, 55(3): 531-545.

Larocque I, Hall R I, Grahn E. 2001. Chironomids as indicators of climate change: A 100‐lake training set from a subarctic region of northern Sweden (Lapland). *Journal of Paleolimnology*, 26: 307-322.

Lehmann J. 1971. The chironomids of the Fulda (systematic, ecological and faunistic investigations). *Archive für Hydrobiologia, Supplement*, 37(4): 466-555.

Lenat D R. 1993. A biotic index for the southeastern United States: Derivation and list of tolerance values, with criteria for assigning water-quality ratings. *Journal of the North American Benthological Society*, 12(3): 279-290.

Levesque A, Mayle F E, Walker I R, et al. 1993. The Amphi-Atlantic Oscillation: A proposed late-glacial climatic event: A contribution to the "North Atlantic seaboard programme" of IGCP-253 "Termination of the Pleistocene". *Quaternary Science Reviews*, 12(8): 629-643.

Li X, Wang X H. 2014. New species and records of *Metriocnemus* van der Wulp s. str. from China (Diptera, Chironomidae). *ZooKeys*, 387: 73-87.

Linevich A A. 1971. Rheopil chironomids of the Trans-Baikal area and their association with the littoral chironomid fauna of Lake Baikal. *Limnologica*, 8: 99-101.

Little J L, Smol J P. 2001. A chironomid‐based model for inferring late‐summer hypolimnetic oxygen in southeastern Ontario lakes. *Journal of Paleolimnology*, 26(3): 259-270.

Liu W, Ferrington L C Jr, Wang X. 2016. First record of *Odontomesa* Pagast from China, with description of the immature stages of *O. ferringtoni* Sæther (Diptera, Chironomidae, Prodiamesinae). *Zootaxa*, 4132(1): 135-142.

Liu W, Lin X, Wang X. 2014. A review of *Rheocricotopus* (*Psilocricotopus*) *chalybeatus* species group from China, with the description of three new species (Diptera, Chironomidae). *ZooKeys*, 388: 17-34.

Lotter A F, Birks H J B, Hofmann W, et al. 1998. Modern diatom, cladocera, chironomid, and chrysophyte cyst assemblages as quantitative indicators for the reconstruction during the past 1100 years. *Nature*, 403: 410-414.

Luoto T P. 2011. The relationship between water quality and chironomid distribution in Finland-A new assemblage-based tool for assessments of long-term nutrient dynamics. *Ecological Indicators*, 11(2): 255-262.

Malherbe W, van Vuren J H J, Wepener V. 2018. The application of a Macroinvertebrate Indicator in Afrotropical Regions for Pesticide Pollution. *Journal of Toxicology*: 1-6.

Marziali L, Rossaro B. 2013. Response of chironomid species (Diptera, Chironomidae) to water temperature: Effects on species distribution in specific habitats. *Journal of Entomological and Acarological Research*, 45(2): 73-89.

McLachlan A J. 1977. Density and distribution in laboratory populations of midge larvae (Chironomidae: Diptera). *Hydrobiologia*, 55: 195-199.

Meriläinen J J, Hynynen J, Palomäki A, et al. 2000. Importance of diffuse nutrient loading and lake level changes to the eutrophication of an originally oligotrophic boreal lake: A palaeolimnological diatom and chironomid analysis. *Journal of Paleolimnology*, 24(3): 251-270.

Meriläinen J J, Hynynen J, Palomäki A, et al. 2001. Pulp and paper mill pollution and subsequent ecosystem recovery of a large boreal lake in Finland: A palaeolimnological analysis. *Journal of Paleolimnology*, 26: 11-35.

Meriläinen J J, Hynynen J, Palomäki A, et al. 2003. Environmental history of an urban lake: A paleolimnological study of Lake Jyväsjärvi, Finland. *Journal of Paleolimnology*, 30: 387-406.

Millet L, Massa C, Bichet V, et al. 2014. Anthropogenic versus climatic control in a high-resolution 1500-year chironomid stratigraphy from a southwestern Greenland lake. *Quaternary Research*, 81(2): 193-202.

Moser K A. 2004. Paleolimnology and the frontiers of biogeography. *Physical Geography*, 25(6): 453-480.

Naumann E. 1932. *Grundzüge der regionalen Limnologie*. Die Binnengewässer, Stuttgart: Schweitzerbart Science Publishers.

Odume O N, Palmer C G, Arimoro F O, et al. 2016. Chironomid assemblage structure and morphological response to pollution in an effluent-impacted river, Eastern Cape, South Africa. *Ecological Indicators*, 67: 391-402.

Olander H, Birks H J B, Korhola A, et al. 1999. An expanded calibration model for inferring lakewater and air temperatures from fossil chironomid assemblages in northern Fennoscandia. *The Holocene*, 9(3): 279-294.

Palmer S, Walker I, Heinrichs M, et al. 2002. Postglacial midge community change and Holocene palaeotemperature reconstructions near tree line, southern British Columbia (Canada). *Journal of Paleolimnology*, 28(4): 469-490.

Paterson C G, Walker K F. 1974. Recent history of *Tanytarsus barbitarsis* Freeman (Diptera: Chironomidae) in the sediments of a shallow, saline lake. *Marine and Freshwater Research*, 25(3): 315-325.

Quinlan R, Smol J P. 2001. Setting minimum head capsule abundance and taxa deletion criteria in chironomid-based inference models. *Journal of Paleolimnology*, 26(3): 327-342.

Resh V H, Jackson J K. 1993. *Rapid Assessment Approaches to Biomonitoring Using Benthic Macroinvertebrates*. New York: Chapman and Hall, 195-223.

Rieradevall M, Brooks S J. 2001. An identification guide to subfossil Tanypodinae larvae (Insecta: Diptera: Chrironomidae) based on cephalic setation. *Journal of Paleolimnology*, 25(1): 81-99.

Roback S S. 1971. The adult of the subfamily Tanypodinae in North America. *Monograph of the Academy of Natural Science of Philadelphia*, 17: 1-410.

Roback S S. 1980. New name for Anceus Roback nec Anceus Risso. *Entomological News*, 91: 32.

Rosenberg D M. 1993. Freshwater biomonitoring and Chironomidae. *Netherland Journal of Aquatic Ecology*, 26(2-4): 101-122.

Rosenberg S M, Walker I, Mathewes R, et al. 2004. Midge-inferred Holocene climate history of two subalpine lakes in southern British Columbia, Canada. *The Holocene*, 14(2): 258-271.

Rossaro B. 1991. Chironomids and water temperature. *Aquatic Insects*, 13(2): 87-98.

Rossaro B, Marziali L, Cardoso A C, et al. 2007. A biotic index using benthic macroinvertebrates for Italian lakes. *Ecological Indicators*, 7(2): 412-429.

Ruse L, Davison M. 2000. Long‐term data assessment of chironomid taxa structure and function in the River Thames. *Regulated Rivers: Research & Management: An International Journal Devoted to River Research and Management*, 16(2): 113-126.

Sæther O A. 1979. Chironomid communities as water quality indicators. *Ecography*, 2(2): 65-74.

Sæther O A. 1980. Glossary of chironomid morphology terminology (Diptera: Chironomidae). *Scandinavian Society of Entomology*, 14: 1-51.

Sæther O A, Craik D J, Campbell I D, et al. 1995. Elucidation of the primary and three-dimensional structure of the uterotonic polypeptide kalata B1. *Biochemistry*, 34(13): 4147-4158.

Sasa M, Suzuki H. 2000. Stuidies on the Chironomid species collected on Ishigaki and Iriomote Islands, Southwestern Japan. *Tropical Medicine*, 42(1): 1-37.

Scheffer M. 1998. *Ecology of Shallow Lkes*. Netherland: Kluwer Academic Publishers.

Seddon P J, Griffiths C J, Soorae P S, et al. 2014. Reversing defaunation: Restoring species in a changing world. *Science*, 345(6195): 406-412.

Skuse F A A. 1889. Diptera of Australia. Part Ⅵ-The Chironomidae. *Proceedings of the Linnean Society of New South Wales*, 2nd Serial, 4(2): 215-311.

Sladecek V. 1979. Continental systems for the assessment of river water quality. *Biological Indicators of Water Quality*, 3: 1-32.

Smol J P. 1992. Paleolimnology: An important tool for effective ecosystem management. *Journal of Aquatic Ecosystem Health*, 1(1): 49-58.

Smol J P, Birks H J B, Last W M. 2001. *Tracking Environmental Change Using Lake Sediments Volume 4: Zoological Indicators*. Dordrecht, Netherland: Kluwer Acdemic Publishers.

Stewart E M, McIver R, Michelutti N, et al. 2014. Assessing the efficacy of chironomid and diatom assemblages in tracking eutrophication in High Arctic sewage ponds. *Hydrobiologia*, 721(1): 251-268.

Stur E, Ekrem T. 2006. A revision of West Palaearctic species of the *Micropsectra atrofasciata* species group (Diptera: Chironomidae). *Zoological Journal of the Linnaean Society*, 146: 165-225.

Suemoto T, Kawai K, Imabayashi H. 2004. A comparison of desiccation tolerance among 12 species of chironomid larvae. *Hydrobiologia*, 515(1-3): 107-114.

Tang H, Cranston P S. 2019. A new tribe in the Chironominae (Diptera: Chironomidae) validated by first immature stages of Xiaomyia Saether & Wang and a phylogenetic review. *The Raffles Museum Bulletin of Zoology*, accepted.

Tang H Q, Song M Y, Cho W S, et al. 2010. Species abundance distribution of benthic chironomids and other macroinvertebrates across different levels of pollution in streams. *Annales de Limnologie-International Journal of Limnology*, 46: 53-66.

Thienemann A. 1922. Biologische Seetypen und die Gründung einer Hydrobiologischen Anstalt am Bodensee. *Archiv für Hydrobiologie*, 13(3): 347-370.

Thienemann A. 1954. Chironomus. Leben, Verbreitung und wirtshaftliche Bedeutung der Chironomiden. *Die Binnengewässer*, 20: 834.

Thienemann A, Zavrel J. 1916. Die Metamorphose der Tanypinen. *Archive für Hydrobiologie und Planktonkunde*, 2(3): 566-654.

Tokeshi M. 1995. Randomness and aggregation: Analysis of dispersion in an epiphytic chironomid community. *Freshwater Biology*, 33: 567-478.

van der Wulp F M. 1873. On the genus *Chironomus* Meigen. *Tijdschrift voor Entomologie*, 16: L X IX-L X XI.

Verneaux V, Aleya L. 1998. Bathymetric distributions of chironomid communities in ten French lakes: Implications on lake classification. *Archiv für Hydrobiologie*, 209-228.

Verneaux V, Aleya L. 1999. Comparison of the chironomid communities of Lake Abbaye (Jura, France) collected using five different sampling methods. Advantages of the pupal exuviae sampling. *Revue des Sciences de l'Eau/Journal of Water Science*, 12(1): 45-63.

Verschuren D, Cumming B F, Laird K R. 2004. Quantitative reconstruction of past salinity variations in African lakes: Assessment of chironomid-based inference models (Insecta: Diptera) in space and time. *Canadian Journal of Fisheries and Aquatic Sciences*, 61(6): 986-998.

Verschuren D, Laird K R, Cumming B F. 2000. Rainfall and drought in equatorial east Africa of past environmental conditions in the Alps. II. Nutrients. *Journal of Paleolimnology*, 19: 443-463.

Walker I R. 1995. Chironomids as indicators of past environmental change // Armitage P D, Cranston P S, Pinder L C V. *The Chironomidae: Biology and ecology of non-biting midges.* London: Chapman and Hall, 405-422.

Walker I R, Levesque A, Pienitz R, et al. 2003. Freshwater midges of the Yukon and adjacent Northwest Territories: A new tool for reconstructing Beringian paleoenvironments. *Journal of the North American Benthological Society*, 22(2): 323-337.

Walker I R, Mathewes R W. 1987. Chironomidae (Diptera) and postglacial climate at Marion Lake, British Columbia, Canada. *Quaternary Research*, 27(1): 89-102.

Walker I R, Mathewes R W. 1989. Chironomidae (Diptera) remains in surficial lake sediments from the Canadian Cordillera: Analysis of the fauna across an altitudinal gradient. *Journal of Paleolimnology*, 2(1): 61-80.

Walker I R, Mott R J, Smol J P. 1991a. Allerod-younger dryas lake temperatures from midge fossils in Atlantic Canada. *Science*, 253(5023): 1010-1012.

Walker I R, Smol J P, Engstrom D R, et al. 1991b. An Assessment of Chironomidae as Quantitative Indicators of Past Climatic Change. *Canadian Journal of Fisheries and Aquatic Sciences*, 48: 975-987.

Wang X, Zhang R, Guo Y, et al. 2010. The History, Present Status and Future Prospect of Chironomidae Research in China // Ferrington L C Jr. *Proceedings of the XV International Symposium on Chironomidae*. Saint Paul: Chironomidae Research Group, University of Minnesota, 342-356.

Warwick W F. 1980. Palaeolimnology of the Bay of Quinte, Lake Ontario: 2800 years of cultural influence. *Canadian Bulletin of Fisheries and Aquatic Sciences*, 206: 1-117.

Webb C J, Scholl A. 1985. Identification of larvae of European species of *Chironomus* Meigen (Diptera: Chironomidae) by morphological characters. *Systematic Entomology*, 10: 353-372.

Wiederholm T. 1980. Chironomids as indicators of water quality in Swedish lakes // Lellák J. *Proceedings of the 6th International Symposium on Chironomidae*. Prague, 17-20 August 1976. Acta Universitatis. Carolinae - Biologica, 1978(1-2): 275-283.

Wiederholm T, Eriksson L. 1979. Subfossil chironomids as evidence of eutrophication in Ekoln Bay, central Sweden. *Hydrobiologia*, 62(3): 195-208.

Wilsonm S E, Gajewski K. 2004. Modern chironomid assemblages and their relationship to physical and chemical variables in southwest Yukon and northern British Columbia lakes. *Arctic, Antarctic, and Alpine Research*, 36(4): 446-455.

Zhang E, Bedford A, Richard J, et al. 2006. A subfossil chironomid-total phosphorus inference model from the middle and lower reaches of Yangtze River lakes. *Chinese Science Bulletin*, 51(17): 2125-2132.

Zhang E, Cao Y, Langdon P, et al. 2012. Alternate trajectories in historic trophic change from two lakes in the same catchment, Huayang Basin, middle reach of Yangtze River, China. *Journal of Paleolimnology*, 48(2): 367-381.

Zhang E, Chang J, Cao Y, et al. 2017. A chironomid-based mean July temperature inference model from the south-east margin of the Tibetan Plateau, China. *Climate of the Past*, 13:185-199.

Zhang E, Chang J, Shulmeister J, et al. 2019. Summer temperature fluctuations in Southwestern China during the end of the LGM and the last deglaciation. *Earth and Planetary Science Letters*, 509:78-87.

Zhang E, Jones R, Bedford A, et al. 2007. A chironomid-based salinity inference model from lakes on the Tibetan Plateau. *Journal of Paleolimnology*, 38(4): 477-491.

中文学名索引

续表

拉丁名	建议译名	原始译名	页码
Hydrobaenus	行水摇蚊属	水摇蚊属	54
Limnophyes	沼摇蚊属	沼摇蚊属	54
Lipiniella	里皮娜属/尼娜属	李氏摇蚊属	69
Macropelopia	宏佩罗属	大粗腹属	31
Metriocnemus	毛瓣（摇蚊）属	中足摇蚊属	49,54
Microchironomus	小摇蚊属	小摇蚊属	74
Micropsectra	微片摇蚊属	小突摇蚊属	88
Microtendipes	倒毛摇蚊属	倒毛摇蚊属	76
Monodiamesa	单齿山摇蚊属	单寡角属	44
Nanocladius	纳摇蚊属	矮突摇蚊属	55
Neostempelinella	新施长跗属	新花托摇蚊属	94
Neozavrelia	新查氏（长跗）属	新扎摇蚊属	88
Nilotanypus	尼罗长足属	尼罗长足属	29
Odontomesa	齿山摇蚊属	齿寡角摇蚊属	44
Orthocladius	直脉属	直突属	52
Pagastia	帕咖氏属	帕摇蚊属	37
Parachaetocladius	拟毛突（摇蚊）属	拟毛突摇蚊属	66
Parachironomus	拟摇蚊属	拟摇蚊属	75
Paracladius	拟脉摇蚊属	拟脉摇蚊属	56
Paracladopelma	近枝尾属	拟枝角摇蚊属	75
Parakiefferiella	近基弗属	拟开氏属	55
Parametriocnemus	近毛瓣属	—	55
Paraphaenocladius	近显突（摇蚊）属	拟明摇蚊属	56
Paratanytarsus	拟长跗摇蚊属	拟长跗摇蚊属	88
Paratendipes	似摇蚊属	间摇蚊属	76
Phaenopsectra	亮铗摇蚊属	明摇蚊属	85
Polypedilum	多足摇蚊属	多足摇蚊属	77
Potthastia	波塔氏属	波摇蚊属	38
Procladius	前脉属	前突摇蚊属	31
Prodiamesa	原山摇蚊属	前寡角属	44
Propsilocerus	原裸角摇蚊属	裸须摇蚊属	45
Protanypus	前长足属	—	42
Psectrocladius	刀摇蚊属	刀摇蚊属	57
Pseudorthocladius	伪直脉属	伪直突属	66
Pseudosmittia	假斯密属	伪史密摇蚊属	57

注：命名原则是 Chironomini 类群建议以"**摇蚊属"为后缀结尾，Tanytarsini 类群建议以"**长跗属"为后缀结尾，Tanypodinae 建议以"**长足属"为后缀结尾，广义直脉的三个亚科种类建议以"**属"为后缀结尾；本书中 complex 译为"群"，group 译为"组"。

拉丁学名索引